Ernst-Michael Hackbarth
Wolfgang Merhof

Verbrennungsmotoren

Prozesse, Betriebsverhalten, Abgas

Aus dem Programm Fahrzeugtechnik

Lehrbücher

Grundzüge des Kolbenmaschinenbaus I

Verbrennungskraftmaschinen
von Klaus Groth

Fahrwerktechnik
von Erich Henker

Verbrennungsmotoren
von Ernst-Michael Hackbarth und Wolfgang Merhof

Berufsschullehrwerk Kraftfahrzeugtechnik
von Wilfried Staudt

**Technologie
Arbeitsplanung
Technische Mathematik**

**Arbeitsblätter Metalltechnik Kfz
Arbeitsblätter Kraftfahrzeugtechnik**

Praxisbücher

Technische Lehrgänge
10 Hefte zur Kfz-Technik

Elektrische Motorausrüstung
von Gerhard Henneberger

Vieweg

Ernst-Michael Hackbarth
Wolfgang Merhof

Verbrennungsmotoren

Prozesse, Betriebsverhalten, Abgas

Mit 65 Abbildungen

Die Deutsche Bibliothek – CIP-Einheitsaufnahme

Hackbarth, Ernst-Michael:
Verbrennungsmotoren: Prozesse, Betriebsverhalten,
Abgas / Ernst-Michael Hackbarth; Wolfgang Merhof. –
Braunschweig; Wiesbaden: Vieweg, 1998
    (Uni script)

http://www.vieweg.de

Umschlaggestaltung: Klaus Birk, Wiesbaden

Gedruckt auf säurefreiem Papier

ISBN 978-3-528-07431-9   ISBN 978-3-663-07813-5 (eBook)
DOI 10.1007/978-3-663-07813-5

Vorwort

Das vorliegende Buch soll in einer möglichst kompakten und übersichtlichen Form einen Überblick über und in das Betriebsverhalten von Verbrennungsmotoren vermitteln. Es führt quasi zu einem Leitfaden, mit dessen Hilfe z.B. alle Änderungen und Neuerungen an Motoren und deren Einflüsse auf das Betriebsverhalten qualitativ beurteilt und abgeschätzt werden können.

Dazu werden die betriebstechnischen Zusammenhänge auf der Basis der thermodynamischen Grundlagen dargestellt und auf die motorischen Kenngrößen zurückgeführt. Zur Erläuterung und Vertiefung werden Beispiele durchgesprochen. Darüber hinaus wird auch der Aspekt der Abgasproblematik bezüglich des Betriebsverhaltens der Verbrennungsmotoren behandelt.

Die Voraussetzungen für dieses Buch ergaben sich aus der Lehrtätigkeit an der Fachhochschule des Heeres Darmstadt und an der Universität der Bundeswehr München im Fachhochschulstudiengang Maschinenbau, sowie in der Ausbildung vom amtlich anerkannten Sachverständigen für den Kraftfahrzeugverkehr. Den Anstoß für dieses Buch gab der Wunsch unserer Studenten danach.

Das Buch soll den Praktikern, wie z.B. den Sachverständigen und Studierenden an Hochhochschulen und Fachhochschulen dienen, indem es ihnen in anschaulicher und - soweit möglich - knapper Darstellung den Ein- und Überblick in den Motorbetrieb vermitteln bzw. vertiefen hilft.

Unser Dank gilt den Firmen AUDI AG Ingolstadt und BMW AG München, sowie Dr.-Ing. Ulrich Rohs für die freundliche Überlassung von Bildmaterial.

Pfaffenhofen und Adendorf, November 1997

E.-M. Hackbarth
W. Merhof

Inhaltsverzeichnis

Abkürzungen, Formelzeichen

Zeichen	Einheit	Bedeutung
A	mm^2	Fläche, Querschnitt
A_t	$mm^2/°KW$	Zeitquerschnitt eines Ventils
A_w	mm^2	Winkelquerschnitt eines Ventils
AÖ		Auslaß öffnet
AS		Auslaß schließt
b	mm	Läuferbreite (Wankelmotor)
b_e	g/kWh, kg/kWh	effektiver spezifischer Kraftstoffverbrauch
b_i	g/kWh, kg/kWh	innerer spezifischer Kraftstoffverbrauch
B	g/h, kg/h	stündlicher Kraftstoffverbrauch
c_p, c_v	kJ/kg grd	spezifische Wärme(kapazität)
c_{vm}	kJ/kg grd	mittlere spezifische Wärme (Volumen konstant)
d	mm	Zylinderdurchmesser
d_a, d_i	mm	Außen-, Innendurchmesser des Ventils
EÖ		Einlaß öffnet
ES		Einlaß schließt
F_t	N	Tangentialkraft
G	m_N^3 Gemisch/ kg Brennstoff	Gemisch, Frischladung
H_G	kJ/kg Gemisch, kJ/m_N^3 Gemisch	Gemischheizwert
H_o	kJ/kg	spezifischer Brennwert
H_u	kJ/kg	spezifischer Heizwert
KW	°	Kurbelwinkel
l	mm, cm, m	Länge
L_{erf}	kg Luft/ kg Brennstoff	für die reale Verbrennung erforderliche Luftmasse
L_{min}	kg Luft/ kg Brennstoff	Mindestluftbedarf
m_B	g, kg	Brennstoffmasse
m_L	g, kg	Luftmasse
m_{RG}	g, kg	Restgasmasse
m_{th}	g, kg	theoretisch mögliche Masse im Zylinder
m_z	g, kg	Frischladungsmasse im Zylinder

Zeichen	Einheit	Bedeutung
m_{zA}	g, kg	Frischladungsmasse im Zylinder durch Aufladung
M_d	Nm	Drehmoment
n	1/min	Drehzahl
n_A		Arbeitsspielzahl
n_e	1/min	Exzenterdrehzahl (Wankelmotor)
n_L	1/min	Läuferdrehzahl (Wankelmotor)
n_{nenn}	1/min	Nenndrehzahl, Motordrehzahl bei Nennleistung
O_{min}	kg O_2 / kg Brennstoff	Mindestsauerstoffbedarf
OT		oberer Totpunkt
p	bar	Druck, Druck im Zylinder
p_{lA}	bar	Druck der Frischladung durch Aufladung
p_B	bar	Brennstoffmitteldruck
p_e	bar	effektiver Mitteldruck, mittlerer Kolbendruck
p_i	bar	indizierter Mitteldruck (- mittlerer Kolbendruck)
p_m	bar	Mitteldruck, mittlerer Arbeitsdruck, Hubraumausnutzung
p_{mv} , p_v	bar	Mitteldruck (mittlerer Kolbendruck) des vollkommenen Motors, - des Vergleichsprozesses
p_o	bar	Umgebungsluftdruck
p_r	bar	mittlerer Reibungsdruck
P_{eff}	kW	Motorleistung, effektive Leistung
P_H	kW/mm^3 , kW/cm^3 , kW/dm^3	Hubraum- bzw. Literleistung
P_i	kW	indizierte Leistung
P_{nenn}	kW	Nennleistung, maximale effektive Leistung des Motors
q_{ab}	kJ/kg	abgeführte spezifische Wärmemenge
q_{zu}	kJ/kg	zugeführte spezifische Wärmemenge
Q_{ab}	kJ	abgeführte Wärmemenge
Q_{zu}	kJ	zugeführte Wärmemenge
r	mm	Kurbel(zapfen)radius
r_e	mm	Exzentrizität (Wankelmotor)
r_o	mm	Ritzelradius (Wankelmotor)
R	kJ/kg grd	Gaskonstante
R_e	mm	Radius des Läuferhüllkreises (Wankelmotor)
R_o	mm	Hohlradradius (Wankelmotor)

Zeichen	Einheit	Bedeutung
s	kJ/kg °K	spezifische Entropie
s	mm	(Kolben-) Hub
s	mm, cm, m	Strömungsweg
S	kJ/°K	Entropie
t	°C	Temperatur
t	s	Zeit
T	°K	Temperatur
T_A	°K	Abgastemperatur
T_{IA}	°K	Temperatur der Frischladung durch Aufladung
UT		unterer Totpunkt
v	m^3/kg	spezifisches Volumen
v	m/s	Strömungsgeschwindigkeit
v_m	m/s	mittlere Kolbengeschwindigkeit
V	m^3 , m_N^3	Volumen in m^3 bzw. Norm-m^3
V_{Br}	mm^3 , cm^3	Brennstoffvolumen
V_c	mm^3, cm^3, dm^3	Kompressionsvolumen eines Zylinders
V_C	mm^3, cm^3, dm^3	Kompressionsvolumen des Motors
V_F	mm^3, cm^3 , dm^3, m^3	Frischladungsvolumen
V_h	mm^3, cm^3, dm^3	Hubvolumen eines Zylinders
V_H	mm^3, cm^3, dm^3	Hubvolumen des Motors
V_M	mm^3, cm^3, dm^3	Volumen der Brennraummulde (Wankelmotor)
w	kJ/kg	spezifische Arbeit
W	kJ	Arbeit
W_e	kJ	Nutzarbeit
W_i	kJ	innere Arbeit des realen Motors
W_v	kJ	Arbeit des vollkommenen Motors
x	mm	Ventilhub
z		Zylinderzahl, Anzahl der Läufer (Wankelmotor)
z	m	geodätische Höhe
ZZ		Zündzeitpunkt
β	rad,°	Ventilsitzwinkel
ε		Verdichtungsverhältnis
ε_{ges}		gesamtes Verdichtungsverhältnis des aufgeladenen Motors
ε_v		Verdichteranteil der Gesamtverdichtung ε_{ges}
η_{eff}		effektiver Wirkungsgrad, Nutzwirkungsgrad
η_g		Gütegrad
η_i		innerer Wirkungsgrad

Zeichen	Einheit	Bedeutung
η_m		mechanischer Wirkungsgrad
η_{th}		thermischer Wirkungsgrad
η_v		thermischer Wirkungsgrad des Vergleichs-prozesses (- des vollkommenen Motors)
κ		Adiabatenexponent
λ		Luftverhältniszahl
λ_a		Luftaufwand
λ_d		Ladegrad
λ_L		Liefergrad
λ_r		Rohrreibungszahl
λ_s		Spülgrad
λ_z		Fanggrad
ρ	g/cm^3, kg/m^3	Dichte
ρ_{Br}	g/cm^3, kg/m^3	Brennstoffdichte
ρ_{FL}	g/cm^3, kg/m^3	Dichte der Frischladung vor demZylinder
ρ_{FLA}	g/cm^3, kg/m^3	Dichte der Frischladung durch Aufladung
σ_a		relative Auslaßschlitzlänge
ζ		Rohrwiderstandsbeiwert

1 Einführung

Die Verbrennungsmotoren sind Kraftmaschinen, die auf der Basis thermodynamischer Prozesse arbeiten, d.h. Wärmekraftmaschinen. Sie erzeugen durch Umwandlung der in der Natur vorkommenden Energie (Energieabsenkung), die in der Regel in chemischer Form vorliegt und als Kraftstoffe zugeführt wird, über den Zwischenschritt der thermischen Energie der Verbrennungsgase mechanische Arbeit. Dieser thermische Zwischenschritt führt zur Temperatur-, damit zur Druck- und Volumensteigerung, die dann mechanisch genutzt werden.

Die Kraftstoffe liegen bei der unmittelbaren Verbrennung in flüssiger oder gasförmiger Form vor. Feste Kraftstoffe zur unmittelbaren Verbrennung werden praktisch nur vereinzelt bei den Kohlenstaubmotoren angewendet. In der Regel werden sie aber zuvor ver- oder entgast bzw. verflüssigt.

1.1 Arten der Wärmekraftmaschinen

Zu den hier angesprochenen Wärmekraftmaschinen gehören
- der Stirling-Motor und die (Kolben-)Dampfmaschinen mit der äußeren, dabei kontinuierlichen Verbrennung. Die Verbrennungsgase geben die Energie über einen Wäremtauscher an das Arbeitsmedium.
- Verbrennungskraftmaschinen, es sind dies die Öl- (Diesel- und Ottomotoren in Hub-, Dreh-, Freikolbenbauweise), Gas- und Kohlenstaubmotoren, mit der bei fast allen Varianten inneren, periodischen Verbrennung. Die Verbrennungsgase sind das Arbeitsmedium. Als ein Vertreter der inneren, aber kontinuierlichen Verbrennung kann der Rohs-Motor (vergl. Kapitel 1.2.1) angeführt werden.

1.2 Bauarten der Verbrennungsmotoren

Die Bauformen werden nach der Anordnung der Zylinder bzw. Kolben unterschieden.

1.2.1 Hubkolbenmotoren

Reihenmotor: Bild 1.1 a)
Diese Bauform wird am häufigsten genutzt. Die Zylinder befinden sich auf einer Seite der Kurbelwelle in stehender, liegender oder hängender Anordnung. Um die Motorlänge kürzer zu halten - z.B. für den Quereinbau im Personenkraftwa-

gen - können die Zylinder auch gegeneinander verschränkt, d.h. unter einem Winkel v-förmig angeordnet werden (VR-Motor).

Boxermotor: Bild 1.1 b)
Die Zylinder sind gegenläufig, in einer Ebene angeordnet, jeder Kolben mit Pleuel an einem Kurbelwellenzapfen. Diese Bauform zeichnet sich durch niedrige Bauhöhe und guten Massenausgleich aus.

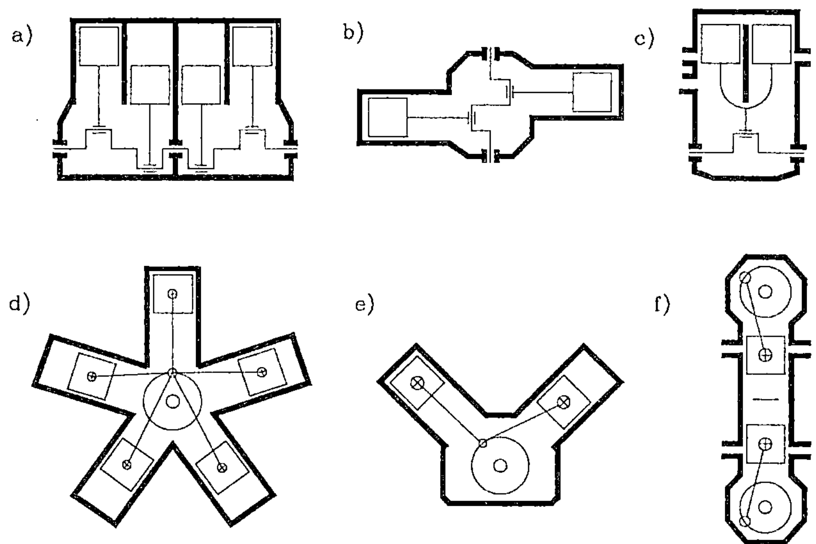

Bild 1.1 Bauarten der Hubkolbenmotoren

U-Motor: Bild 1.1 c)
Die Kolben dieser Bauart bewegen sich parallel, gleichläufig und sind über ein Doppelpleuel an einem Kurbelzapfen gelagert. Diese Form wird wegen des problematischen Massenausgleichs nur bei kleineren Motoren angewendet.

Sternmotor: Bild 1.1 d)
Die Zylinder sind sternförmig um die Kurbelwelle in einer oder mehreren Ebenen (z.B. sind es zwei beim Doppelsternmotor) angeordnet. Die Bauart eignet sich gut für luftgekühlte Flugzeugmotoren.

Eine Sonderform stellt hier der Umlaufmotor dar, der nur zu Beginn der Motorenentwicklung gebaut wurde. Bei ihm kreisen die Zylinder um die feststehende Kurbelwelle. Man spricht hier auch von den sogenannten Rotationsmotoren.

V-Motor: Bild 1.1 e)
Durch die Verschränkung der benachbarten Zylinder unter einem Winkel, der bis zu 180° betragen kann, kann er gegenüber dem Reihenmotor bei gleicher Baulänge eine größere Zylinderzahl haben. Durch den V-Winkel ergeben sich zwei Zylinderreihen (Zylinderbänke). Jeweils zwei so einander gegenüberliegende Kolben stützen sich über ihre Pleuel an einem gemeinsamen Kurbelzapfen ab. Aus dem V-Motor lassen sich die Sonderformen W- und X-Motor ableiten.

Gegenkolbenmotor: Bild 1.1 f)
In einem Zylinder laufen zwei gegenläufige Kolben, so daß der Motor zwei Kurbelwellen benötigt, die über ein Getriebe stirnseitig miteinander gekoppelt werden.

Axialkolbenmotor (auch ROHS-Motor): Bild 1.2
Diese Motorart arbeitet mit kontinuierlicher Verbrennung im Brennraum außerhalb der Arbeitszylinder. Dieser Motortyp befindet sich im Versuchs- bzw. Entwicklungsstadium.

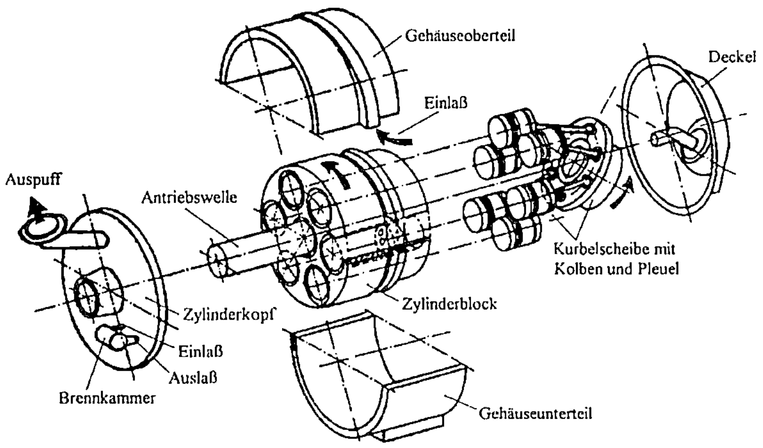

Bild 1.2 Axialkolbenmotor

1.2.2 Drehkolbenmotoren

Als einziger Vertreter dieser Bauart ist das System von WANKEL in die Serienfertigung gegangen (Bild 1.3). Hierbei rotiert ein dreieckförmiger Kolben (Läufer) exzentrisch in einer Zylinderbahn mit der Form einer zweibogigen Epitrochoide.

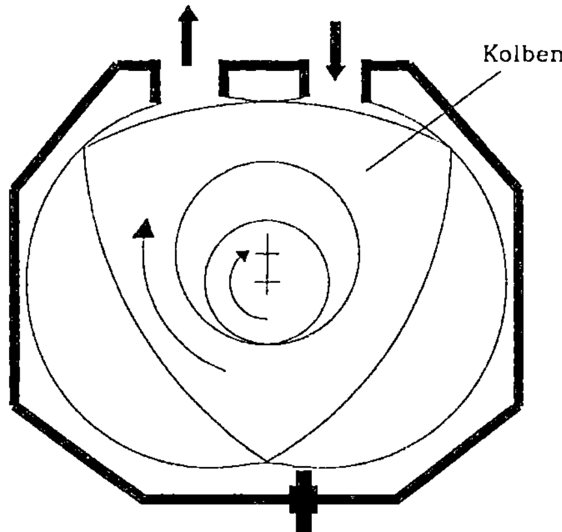

Bild 1.3 Aufbau des Wankelmotors

1.3 Aufbau des Hubkolbenmotors

Das Betriebsverhalten der Verbrennungsmotoren soll in den folgenden Kapiteln vor allem anhand des Hubkolbenmotors aufgezeigt werden.

Der Aufbau eines Hubkolbenmotors (am Beispiel des Viertaktverfahrens gezeigt) besteht im wesentlichen aus den zwei Baugruppen Zylinderblock und -kopf (siehe Bilder 1.5 und 1.6).

Der Zylinderblock nimmt die Zylinder auf, in denen die Kolben gleiten, die den Verbrennungsdruck über die Pleuel an die Kurbelwelle weiterleiten. Diese ist in der Regel ebenfalls im Zylinderblock gelagert. Bei älteren Motorkonstruktionen nimmt er auch noch die untenliegende Nockenwelle (ohv = overhead valves) für die Ventilsteuerung auf. Der Zylinderblock wird nach unten (bei stehender Bauweise) durch die Ölwanne abgeschlossen und damit auch das Kurbelgehäuse.

Nach oben geschieht dies durch den Zylinderkopf, in dem die Ventile und die Kanäle für die Gaswechselsteuerung, bei den neueren Motorenkonstruktionen die obenliegende Nockenwelle (ohc = overhead camshaft) bzw. -wellen und - je nach Brennraumgestaltung - der Brennraum oder ein Teil des Brennraums untergebracht sind. Entsprechend kann der Brennraum zum Teil oder auch ganz im Kolbenboden aufgenommen werden. Der Zylinderkopf wird nach oben durch die Zylinderkopfhaube (Ventildeckel) abgeschlossen.

Für die Drehrichtung der Kurbelwelle ist definiert, daß Rechtslauf dem mathematisch negativen Drehsinn entspricht. Die Blickrichtung erfolgt dabei auf die Kurbelwelle von der Seite der Kraftabgabe.

Zur Darstellung des Betriebsverhaltens und der Motorkenndaten wird der Begriff des Hubraumes verwendet. Er ergibt sich mit Bild 1.4 zu:

Hubraum:

eines Zylinders:

$$V_h = \frac{\pi}{4} \cdot d^2 \cdot s \tag{1}$$

des gesamten Motors mit der Zylinderzahl z:

$$V_H = z \cdot V_h \quad \text{bzw.} \quad V_H = z \cdot \frac{\pi}{4} \cdot d^2 \cdot s \tag{2}$$

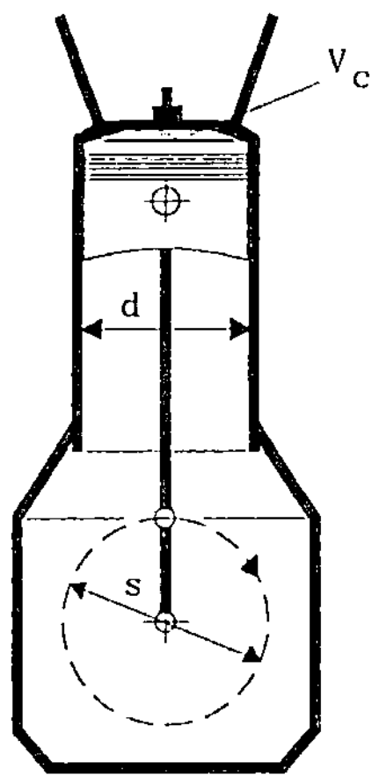

Bild 1.4 Aufbau des Hubkolbenmotors

Hersteller: BMW AG
Hubraum: 1,8 l
Zylinderzahl: 4
Nennleistung: 85 kW

Bild 1.5 Ottomotor mit 2 Ventilen je Zylinder (Werkbild BMW AG)

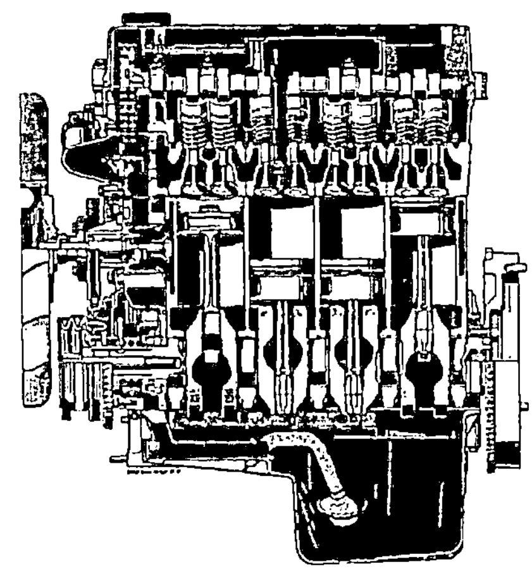

Hersteller: BMW AG
Hubraum: 1,8 l
Zylinderzahl: 4
Nennleistung: 103 kW

Bild 1.6 Ottomotor mit 4 Ventilen je Zylinder (Werkbild BMW AG)

1.4 Arbeitsverfahren

Diese werden nach der Art der Durchführung des Gaswechsels, d.h. Ansaugen
der Frischladung, Verbrennung und Ausstoßen der Abgase im Zusammenhang
mit den dazu erforderlichen Kurbelwellenumdrehungen definiert.

1.4.1 Viertaktverfahren   (Bild 1.7)

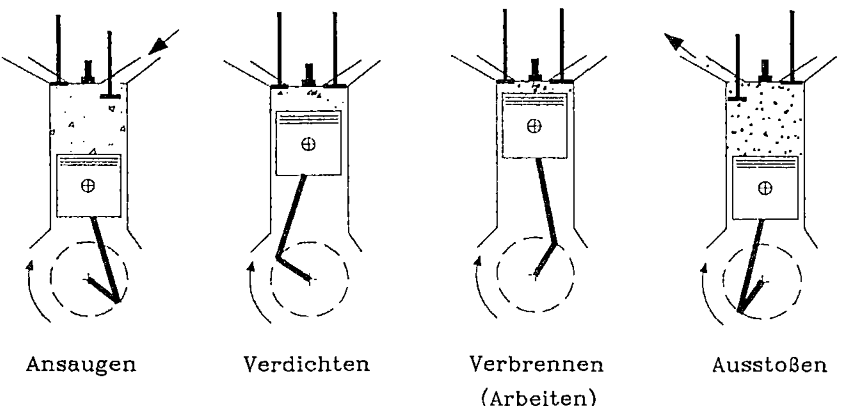

Bild 1.7 Viertakt - Motor

Bei diesem Arbeitsverfahren benötigt der Motor zwei Umdrehungen der Kurbelwelle für ein Arbeitsspiel.

1. Takt:
Der Kolben bewegt sich nach unten (zum unteren Totpunkt = UT seiner Bewegung) und saugt damit durch das/die geöffnete/n Einlaßventil/e die Frischladung an (Kraftstoffluftgemisch beim Ottomotor bzw. Luft, der beim Ottomotor mit Direkteinspritzung und beim Dieselmotor der Kraftstoff im Zylinder beigemischt wird, vergl. Kapitel 4.8.3).

2. Takt:
Der Kolben bewegt sich von UT nach OT (= oberer Totpunkt seiner Bewegung) und verdichtet dabei die Frischladung.

3. Takt:
Kurz bevor der Kolben den OT erreicht, wird die Zündung des jetzt verdichteten Kraftstoffluftgemisches beim Ottomotor mit dem Zündfunken bzw. beim Dieselmotor selbständig durch die Verdichtungswärme eingeleitet. Das Gemisch verbrennt, die Temperatur und der Druck im Zylinder steigen, so daß der Kolben nach unten beschleunigt wird. Über das Pleuel wird diese tranlatorische Bewegung in die rotatorische der Kurbelwelle umgesetzt. Man spricht hier auch vom Arbeitstakt.

4. Takt:
Nachdem der Kolben den UT erreicht hat, läuft er wieder zum OT, wobei er die verbrannten Gase durch das/die Auslaßventil/e hinausschiebt.

1.4.2 Zweitaktverfahren   (Bild 1.8)

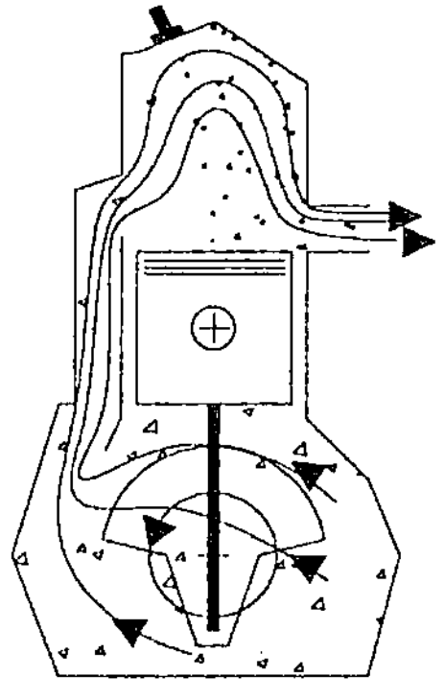

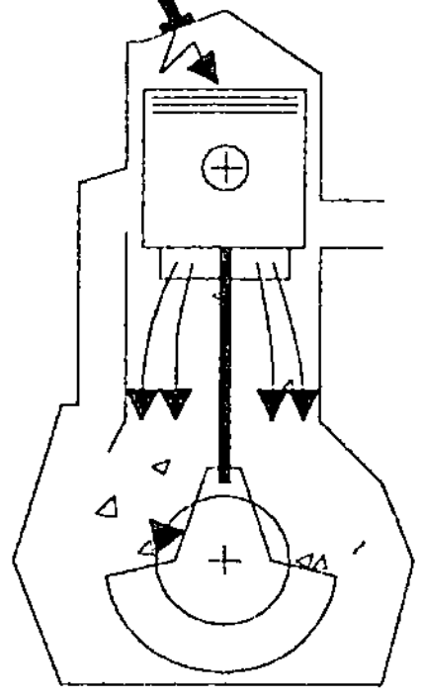

Ausstoßen   Verbrennen

Füllen, Verdichten   Ansaugen, Vorverdichten

Bild 1.8 Zweitakt – Motor

Das Zweitaktverfahren benötigt nur eine Umdrehung der Kurbelwelle für ein Arbeitsspiel. Der Gaswechsel erfolgt dabei durch Schlitze in der Zylinderwand, die durch die Kolbenbewegung geöffnet und geschlossen werden.

1. Takt:
Der Kolben bewegt sich zum UT und versetzt über das Pleuel die Kurbelwelle in Drehbewegung. Der Motor arbeitet. Bei dieser Abwärtsbewegung wird die im Kurbelgehäuse befindliche Frischladung vorkomprimiert und kann durch die Überströmkanäle in den Brennraum (oberhalb des Kolbens) strömen. Dabei drängt die Frischladung die im Brennraum befindlichen verbrannten Gase durch die Auslaßschlitze in den Auslaßkanal.

2. Takt:
Bei der anschließenden Bewegung des Kolbens zum OT wird das Einströmen der Frischladung und das Ausstoßen der Abgase durch das Schließen der Überström- und Auslaßschlitze durch die Bewegung des Kolbens beendet und die Frischladung im Brennraum verdichtet. Dabei gibt der Kolben die Einlaßschlitze frei und die Frischladung kann durch den durch die Kolbenbewegung unter dem Kolben entstehenden Unterdruck in das Kurbelgehäuse beschleunigt werden. Kurz vor Erreichen des OT wird das komprimierte Gemisch gezündet, so daß der 1. Takt folgen kann.

Statt der Schlitze können auch Auslaßventile oder einlaßseitig z.B. Membranventile je nach Ausführung des Zweitaktmotors verwendet werden (vergl. Kapitel 4.10).

1.4.3 Arbeitsspielzahl

Die Arbeitsspielzahl n_A ist bei Hubkolbenmotoren definiert für das
- Zweitaktverfahren: $n_A = n$
- Viertaktverfahren: $n_A = n/2$ mit $n = $ Motordrehzahl.

1.4.4 Wankelmotor

Der Wankelmotor arbeitet nach dem Viertaktverfahren. Durch seine Kolbenform in der Trochoidenlaufbahn sind drei Verbrennungsräume (in Bild 1.9 mit den Zahlen 1, 2 und 3 gekennzeichnet) und damit verschiedene Arbeitstakte gleichzeitig vorhanden. Der Wankelmotor arbeitet nicht mit Ventilen, sondern mit Ein- und Auslaßschlitzen. Die Beschreibung des Verfahrens soll mit Hilfe von Bild 1.9 gezeigt werden.

Im Bild a) beginnt in Kammer (Verbrennungsraum) 1 der Ansaugtakt, während in Kammer 2 bereits angesaugte Frischladung verdichtet wird und in Kammer 3 ein Arbeitstakt erfolgt (die Zündkerze ist in den Bildern jeweils links angeordnet). Im unteren Teil der Kammer 1 werden noch Abgasreste ausgeschoben. Der Kolben dreht sich dabei weiter, so daß im Bild b) in Kammer 1 der Ansaugtakt abläuft. Der Verdichtungstakt ist in Kammer 2 bald abgeschlossen und die Verbrennung kann eingeleitet werden. Das Ausstoßen der Abgase beginnt in Kammer 3. In Bild c) wird in Kammer 1 weiter angesaugt und in Kammer 2 läuft der Arbeitstakt (die Verbrennung der verdichteten Frischladung). In Kammer 3 werden weiterhin die Abgase ausgestoßen. In Bild d) wird der Ansaugtakt in Kammer 1 abgeschlossen. Der Arbeitstakt erfolgt in Kammer 2 und in Kammer 3 geht der Ausstoßtakt zu Ende, so daß diese Kammer wieder mit dem Ansaugen der Frischladung beginnen kann.

Die Arbeitsspielzahl ist hier gleich der Motordrehzahl ($n_A = n$).

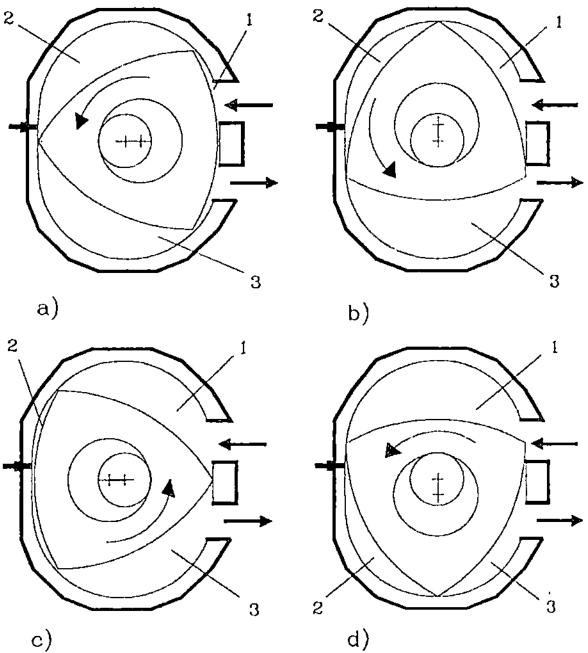

Bild 1.9 Wankelmotor, Arbeitsweise

1.5 Verbrennungsverfahren

Die Verbrennungsmotoren arbeiten nach dem Otto- oder Dieselverfahren. Beide Verfahren werden sowohl als Viertakt- wie auch als Zweitaktmotore betrieben. Hier sollen diese beiden Verfahren kurz einander gegenübergestellt werden.

Ottomotor   *Dieselmotor*

- benannt nach:
  Nikolaus August Otto   Rudolf Diesel
  (1832 bis 1891)   (1858 bis 1913)

- Kraftstoff:
  Benzin (Vergaser-, Otto-Kraftstoff)   Dieselöl
  oder Gas

  Kennzeichnung durch:
  Klopffestigkeit (Oktanzahl)   Zündwilligkeit (Cetanzahl)

- Gemischbildung:
  Vergasermotor (außerhalb des Ver-   Einspritzung
  brennungsraumes), Einspritzmotor   (innerhalb des Verbrennungsraumes)
  (außerhalb des Verbrennungsraumes
  im Ansaugrohr oder im Verbrennungsraum), Gasmotor (außerhalb
  oder innerhalb des Verbrennungsraumes)

- Regelung:
  Veränderung der Gemischmenge mit   Veränderung der Zusammensetzung
  der Drosselklappe im Ansaugtrakt   des Kraftstoffluftgemisches durch
  (Zusammensetzung des Kraftstoff-   Veränderung der Kraftstoffmenge
  luftgemisches nur innerhalb sehr
  enger Grenzen veränderbar)

- Zündung:
  Fremdzündung (mittels Zündkerze)   Selbstzündung (Kompressions-):
                                               eingespritzter Kraftstoff entzündet
                                               sich an der durch die Verdichtung
                                               erhitzten Luft; erfordert ein hohes
                                               Verdichtungsverhältnis

- Luftverhältniszahl (Zusammensetzung des Kraftstoffluftgemisches):
  0,7 bis 1,3; Vollast: 0,85 bis 0,9;   1,1 und größer; Vollast: 1,1 bis 1,5
  1 bei Motoren mit geregeltem Kata-   je nach Gemischbildungsverfahren
  lysator   (Einspritzungsart)

- Verdichtungsverhältnis:
  6:1 bis 12:1   14:1 bis 24:1

- Verdichtungsendtemperatur:
  ca. 400 bis 600° C   ca. 600 bis 900° C

- Abgastemperatur:
  bis ca. 700 bis 1000° C   bis ca. 500 bis 700° C

2 Arbeitsprozesse

2.1 Beschreibung, Kenngrößen

2.1.1 Kreisprozeß

Das Betriebsverhalten der Motoren wird mit Hilfe eines thermodynamischen Kreisprozesses untersucht. Dabei werden die Zustandsänderungen eines Gases nacheinander mit Rückkehr zum Ausgangspunkt durchlaufen. Das bedeutet für die Verbrennungsmotoren, daß das Arbeitsgas z.B. im Hubkolbenmotor durch den sich von UT nach OT bewegenden Kolben verdichtet und bei der anschließenden Abwärtsbewegung wieder entspannt wird. Damit die Kompressions- und die Expansionslinie im zugehörigen thermodynamischen Druck-Volumen-Diagramm nicht aufeinanderliegen, d.h. der Prozeß Arbeit liefern kann, muß bei OT Wärme zugeführt werden. Es läuft dabei kein Kreisprozeß verlustfrei ab, d.h. der Prozeß gibt Wärme ab.

Diese Vorgänge lassen sich für die Verbrennungskraftmaschinen vereinfacht z.B. mit Hilfe des sogenannten Gleichraum-Prozesses im Druck-Volumen-Diagramm (p-v-Diagramm, Bild 2.1) darstellen. Der Kreisprozeß ist hier reversibel angenommen.

In UT liegt der Ausgangszustandspunkt 1 vor, von dem aus eine isentrope Verdichtung zum Zustandspunkt 2 in OT erfolgt. Hier wird dann die erforderliche Wärme isochor zugeführt. Anschließend erfolgt vom erreichten Zustandspunkt 3 die isentrope Expansion nach UT mit dem Zustandspunkt 4, wo dann ein isochorer Wärmeentzug erforderlich ist, um wieder zum Ausgangszustand 1 zurückzukehren. Die gewonnene Arbeit dieses Prozesses stellt sich dann als die Differenz der beiden Flächen unter der Expansions- und Kompressionslinie dar, d.h. die Expansionsarbeit ist größer als die Kompressionsarbeit. Es liegt ein rechtsumlaufender Prozeß der Wärmekraftmaschine vor.

Man unterscheidet dabei Kreisprozesse mit geschlossenem und offenem System. Das geschlossene System, bei dem die Zustandspunkte nacheinander durchlaufen werden, ist das der Kolbenmaschinen und liefert Arbeit periodisch. Die Gasturbinen z.B. arbeiten nach dem offenen System, wobei die Zustandspunkte gleichzeitig vorhanden sind.

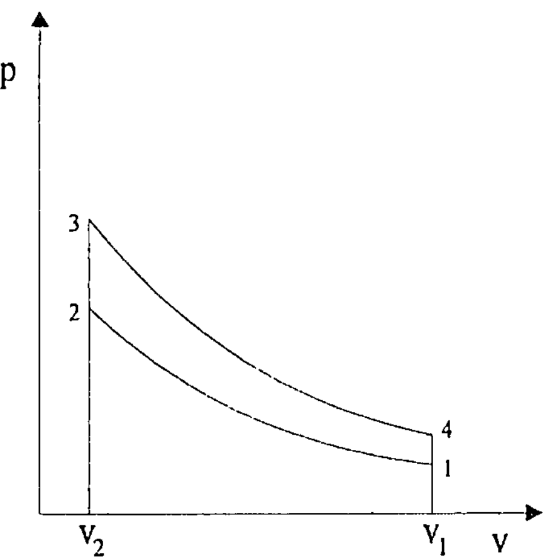

Bild 2.1 Kreisprozeß

2.1.2 Verdichtungsverhältnis

Für den Umgang mit den Kreisprozessen ist die Definition des Verdichtungsverhältnisses ε , das die Volumenverhältnisse des Motors beschreibt, erforderlich.

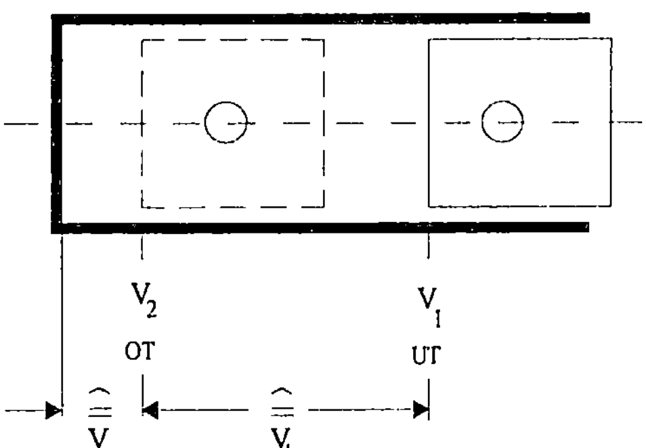

Bild 2.2 Verdichtungsverhältnis

Es ist als das Verhältnis des Gasvolumens vor zu dem nach der Kompression
definiert:

$$\varepsilon = \frac{V_1}{V_2} = \frac{V_h + V_c}{V_c} \quad \text{mit } V_c = \text{Kompressionsvolumen} \tag{3a}$$

bzw.

$$\varepsilon = \frac{v_1}{v_2} \quad \text{im p-v-Diagramm.} \tag{3b}$$

2.1.3 Wirkungsgrad des Kreisprozesses

Die Aufgabe der Wärmekraftmaschine, die gesamte zugeführte Wärme in Arbeit umzusetzen, läßt sich auch nicht unter idealisierten Bedingungen verwirklichen. Der für den Verbrennungsmotor zu Grunde gelegte Kreisprozeß müßte dann, wenn keine (Verlust-)Wärme von 4 nach 1 (im p-v-Diagramm siehe Bild 2.1) abgeführt werden soll, eine isentrope Expansion bis zu einer Temperatur von $0\,^{\circ}K$ ermöglichen. Das ist mit einem Kolbenmotor technisch nicht realisierbar. Diese Verluste werden mit dem thermischen Wirkungsgrad η_{th} erfaßt. Der Wirkungsgrad dient damit der Beurteilung der thermischen Vollkommenheit des Motors.

Definition des thermischen Wirkungsgrades:

$$\eta_{th} = \frac{\text{Nutzarbeit des reibungfreien Kreisprozesses}}{\text{zugeführte Wärme}}$$

q_{zu} (im p-v-Diagramm von 2 nach 3) $\qquad$ = zugeführte Wärme
q_{ab} (im p-v-Diagramm von 4 nach 1) $\qquad$ = abgeführte Wärme
w $\quad$ (im p-v-Diagramm Fläche 1-2-3-4) $\qquad$ = spezifische Nutzarbeit

$$\eta_{th} = \frac{q_{zu} - q_{ab}}{q_{zu}} = \frac{w}{q_{zu}} \tag{4}$$

2.1.4 Der mittlere Arbeitsdruck des Kreisprozesses

Da die Verbrennungskraftmaschinen einer Baugrößenbegrenzung unterliegen, reicht der Wirkungsgrad als qualitative Kenngröße zur Beurteilung des Kreisprozesses allein nicht aus.

Dies läßt sich an einem Beispiel verdeutlichen. Zwei Prozesse mit einem Wirkungsgrad jeweils von 50 % werden verglichen, wobei der eine eine doppelt so hohe Wärmezufuhr erfährt wie der andere. Dann hat dieser Prozeß bei gleichem Wirkungsgrad auch eine doppelt so hohe Nutzarbeit zur Verfügung. Dieser Sachverhalt läßt sich also mit der qualitativen Bewertungsgröße nicht erkennen, so daß zusätzlich eine quantitative erforderlich ist.

Wegen der oben angeführten Baugrößenbegrenzung ist diese Größe die auf das Hubvolumen bezogene Nutzarbeit. Sie ist der *Mitteldruck* oder *mittlere Arbeitsdruck* oder auch die *Hubraumausnutzung* des Kreisprozesses.

Es ergibt sich damit die Definition

$$p_m = \frac{w}{v_1 - v_2} \quad \text{bzw.} \quad p_m = \frac{W}{V_H} \tag{5}$$

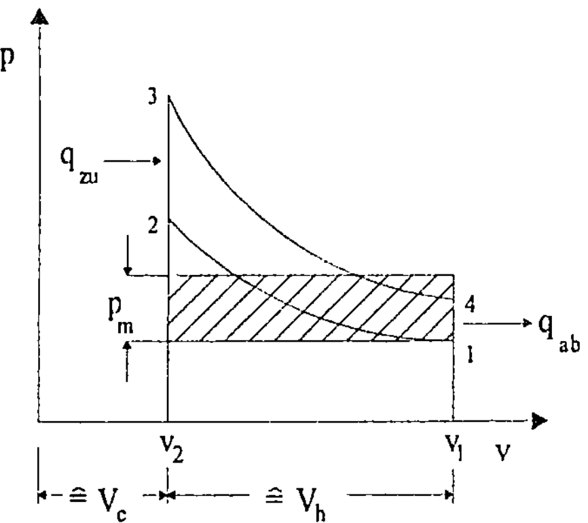

Nutzarbeit entsprechend der Fläche 1 – 2 – 3 – 4 ersetzt durch ein flächengleiches Rechteck mit der Höhe p_m = mittlerer Arbeitsdruck

Bild 2.3 Mittlerer Arbeitsdruck

Mit Bild 2.3 und Gleichung (3b) gilt:

$$v_1 - v_2 = v_1 \cdot \left(1 - \frac{1}{\varepsilon}\right)$$

und mit den Gleichungen (4) und (5) erhält man

$$p_m = \frac{\varepsilon}{\varepsilon - 1} \cdot \frac{1}{v_1} \cdot w = \frac{\varepsilon}{\varepsilon - 1} \cdot \frac{1}{v_1} \cdot q_{zu} \cdot \eta_{th} \tag{6}$$

Eine Verbesserung der quantitativen Größe des Mitteldrucks kann also durch eine Vergrößerung der Wärmezufuhr und durch eine Steigerung des Wirkungsrades erreicht werden.

So führen eine vollständige Ausnutzung der Luft im Zylinder für die Verbrennung und eine größere Ladungsmenge, wie dies beim aufgeladenen Motor erfolgt, zur Verbesserung der Wärmezufuhr. Die Größe des Mitteldrucks ist demnach von der Belastung des Motors (Vollast, Teillast) abhängig.

Die entscheidende Bewertungsgröße des Kreisprozesses ist der Wirkungsgrad, da er den Mitteldruck beeinflußt und die Wirtschaftlichkeit des Arbeitsprozesses kennzeichnet.

2.2 Idealprozeß

In den folgenden Abschnitten wird der Arbeitsprozeß stufenweise bis zum realen Motor geändert und jeweils untersucht und diskutiert.

Begonnen wird mit dem Idealprozeß, der einen gedachten Kreisprozeß darstellt. Dafür werden die folgenden Randbedingungen definiert:

- die Zustandsänderungen laufen reibungsfrei, umkehrbar ab;
- der Stoffaustausch beim realen Motor wird durch einen Energieaustausch ersetzt; das bedeutet, das Arbeitsmedium wird nicht geändert; die Verbrennung wird durch Wärmezufuhr Q_{zu} bzw. q_{zu} ersetzt, entsprechend Wärmeabgabe Q_{ab} bzw. q_{ab};
- Luft wird als ideales Gas betrachtet;
- der Verbrennungsmotor gibt die obere und untere Grenze des Prozesses an; die obere Grenze wird durch den höchsten (zulässigen) Druck und die höchste Temperatur aufgrund der Bauteile und Verbrennung und die untere Grenze durch die Umgebungstemperatur bestimmt, da die Wärmeabgabe bis unterhalb dieser Temperatur technisch nicht durchführbar ist.

So kann mit dem Idealprozeß anschaulich und allgemeingültig das Grundprinzip des Motors erläutert werden.

2.2.1 Gleichraumprozeß (abgekürzt: GRP)

Die Energieumsetzung im Verbrennungsmotor läßt sich am besten mit den Kreisprozeßarten *Gleichraumprozeß* (GRP) und *Gleichdruckprozeß* (GDP) beschreiben.

Der Carnotprozeß z.B. hat zwar den günstigsten thermischen Wirkungsgrad aller Prozeßarten, kann aber unter anderem wegen seiner isothermen Verdichtung im Verbrennungsmotor nicht realisiert werden. Zudem ist die Arbeitsfläche zu klein, sie würde praktisch nur die Reibungsverluste des Motors decken.

Der Gleichraumprozeß wurde oben bereits erwähnt und ist in Bild 2.4 nochmals mittels des Druck-Volumen- und des Temperatur-Entropie-Diagrammes (T-s-Diagramm) dargestellt.

Der Zustandspunkt 1 entspricht dem Ansaugzustand bei Umgebungstemperatur T_1 und Umgebungsluftdruck p_1. Von 1 zum Zustandspunkt 2 erfolgt eine isentrope Verdichtung, wobei Punkt 2 durch die Grenzen des Verbrennungsmotors z.B. bezüglich Selbstzündung und eventuell zu großer, erforderlicher Massen festgelegt wird. Anschließend erfolgt die Wärmezufuhr, die quasi einer plötzlichen Verbrennung entspricht und zu einer Druck- und Temperaturerhöhung nach Zustandspunkt 3 führt. Punkt 3 erfüllt die Bedingungen der oben angeführten "oberen Grenze" des Kreisprozesses. Nach der isentropen Expansion nach Punkt 4, hier hat der Kolben des Motors den unteren Totpunkt erreicht, erfolgt die Wärmeabgabe so, daß der Zustandspunkt 1 wieder erreicht wird. Diese Wärmeabgabe würde einem plötzlichen Abgasausstoß gleichkommen.

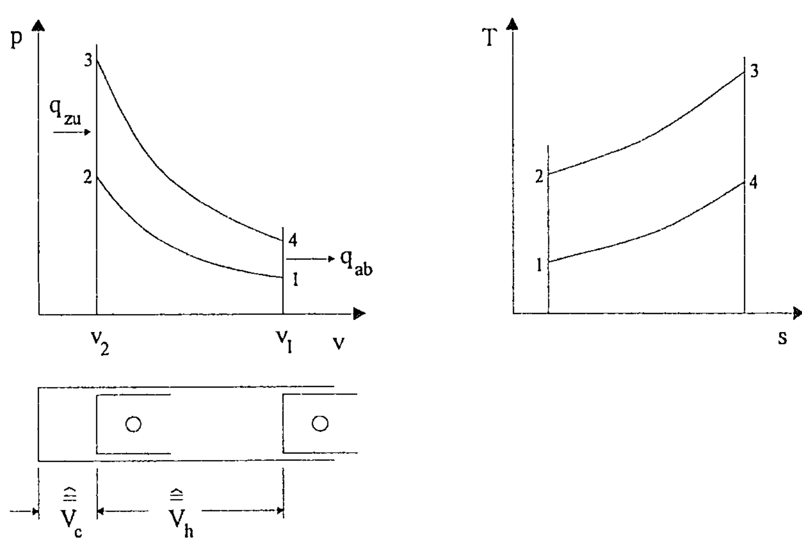

Bild 2.4 Gleichraumprozeß

Wirkungsgrad, Mitteldruck

Sie werden ausgehend von den Temperaturen in den Zustandspunkten ermittelt:

Zustandspunkt 1: T_1

Zustandspunkt 2: $T_2 = T_1 \cdot \left(\dfrac{v_1}{v_2}\right)^{\kappa-1} = T_1 \cdot \varepsilon^{\kappa-1}$ mit $\varepsilon = \dfrac{v_1}{v_2}$

Zustandspunkt 3: $T_3 = T_2 \cdot \dfrac{p_3}{p_2} = T_1 \cdot \alpha \cdot \varepsilon^{\kappa-1}$ mit $\alpha = \dfrac{p_3}{p_2}$

Zustandspunkt 4: $T_4 = T_1 \cdot \alpha$

Wärmezufuhr: $q_{zu} = q_{2-3} = c_v \cdot (T_3 - T_2) = c_v \cdot T_1 \cdot \varepsilon^{\kappa-1} \cdot (\alpha - 1)$

Wärmeabgabe: $q_{ab} = q_{4-1} = c_v \cdot (T_4 - T_1) = c_v \cdot T_1 \cdot (\alpha - 1)$.

Daraus ergibt sich für den thermischen Wirkungsgrad:

$$\eta_{th} = \frac{q_{zu} - q_{ab}}{q_{zu}} = 1 - \frac{c_v \cdot (T_4 - T_1)}{c_v \cdot (T_3 - T_2)}$$

$$\eta_{th} = 1 - \frac{1}{\varepsilon^{\kappa-1}} = 1 - \left(\frac{p_1}{p_2}\right)^{\frac{\kappa-1}{\kappa}} \quad . \tag{7}$$

Für den Mitteldruck erhält man:

$$p_m = \frac{\varepsilon}{\varepsilon - 1} \cdot \frac{q_{zu} - q_{ab}}{v_1}$$

mit:

$$- \quad \eta_{th} = \frac{q_{zu} - q_{ab}}{q_{zu}}$$

$$- \quad \frac{T_1}{v_1} = \frac{p_1}{R}$$

$$- \quad R = c_p - c_v$$

$$- \quad \kappa = \frac{c_p}{c_v} = 1 + \frac{R}{c_v}$$

$$p_m = p_1 \cdot \eta_{th} \cdot \frac{\varepsilon}{\varepsilon - 1} \cdot \frac{\varepsilon^{\kappa-1}}{\kappa - 1} \cdot (\alpha - 1) \quad . \tag{8}$$

Eine Steigerung des Mitteldrucks kann erreicht werden, wenn:
-   der thermische Wirkungsgrad,
-   die Wärmezufuhr verbessert wird, was beim realen Motor z.B. durch eine bessere Verbrennung oder durch Vorverdichtung (Aufladung), d.h. eine Anhebung des Druckes im Zustandspunkt 1 möglich ist und auch zu einer Wirkungsgradverbesserung führt (vergl. Kapitel 2.1.3).

Man erkennt hier, daß bereits mit dem Idealprozeß qualitative Bewertungen von Maßnahmen am realen Verbrennungsmotor gemacht werden können.

2.2.2 Gleichdruckprozeß (abgekürzt: GDP)

Der Prozeßablauf unterscheidet sich vom Gleichraumprozeß (GRP) dadurch, daß er vom Zustandspunkt 2 nach Zustandspunkt 3 statt einer isochoren eine isobare Wärmezufuhr aufweist (vergl. Bild 2.5).

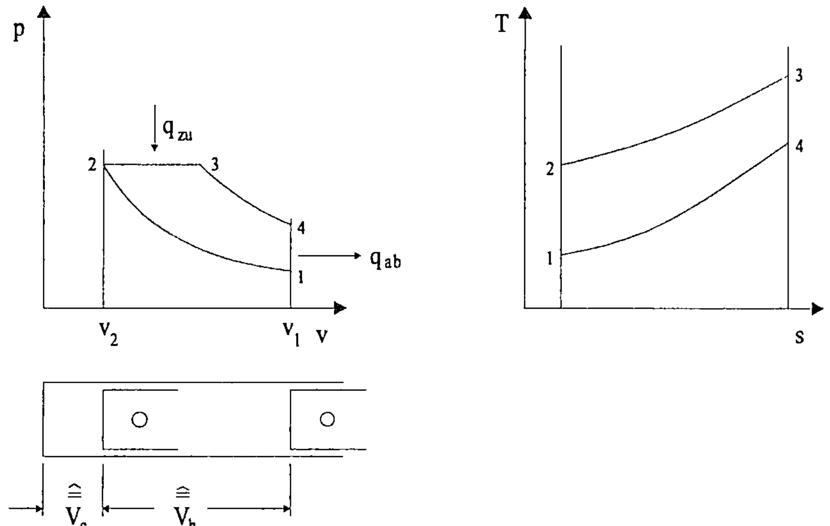

Bild 2.5 Gleichdruckprozeß

Wirkungsgrad, Mitteldruck

Analog zur Herleitung beim Gleichraumprozeß ergibt sich hier für den Wirkungsrad:

$$\eta_{th} = 1 - \frac{1}{\kappa} \cdot \frac{\varphi^{\kappa} - 1}{\varphi - 1} \cdot \frac{1}{\varepsilon^{\kappa - 1}} \tag{9}$$

mit:

$$\varphi = \frac{T_3}{T_2} = \frac{v_3}{v_2}$$

und für den Mitteldruck:

$$p_m = p_1 \cdot \eta_{th} \cdot \frac{\varepsilon}{\varepsilon - 1} \cdot \frac{\kappa \cdot \varepsilon^{\kappa - 1}}{\kappa - 1} \cdot (\varphi - 1) \quad . \tag{10}$$

2.2.3 Vergleich Gleichraum- mit Gleichdruckprozeß

Die Randbedingungen für den Vergleich beider Prozeßarten sind:
- die Wärmezufuhr q_{zu}
- das Verdichtungsverhältnis ε und
- der Anfangszustand p_1, T_1 sind für beide Prozesse gleich.

Im T-s-Diagramm hat die Isochore einen steileren Verlauf als die Isobare (vergl. Bild 2.6), da die spezifische Wärmekapazität c_v kleiner ist als c_p und bei gleicher Wärmezufuhr gilt:

$$T_{isochor} > T_{isobar}$$

mit $\quad \Delta T = \dfrac{q_{zu}}{c_v} \quad$ bzw. $\quad \Delta T = \dfrac{q_{zu}}{c_p} \quad .$

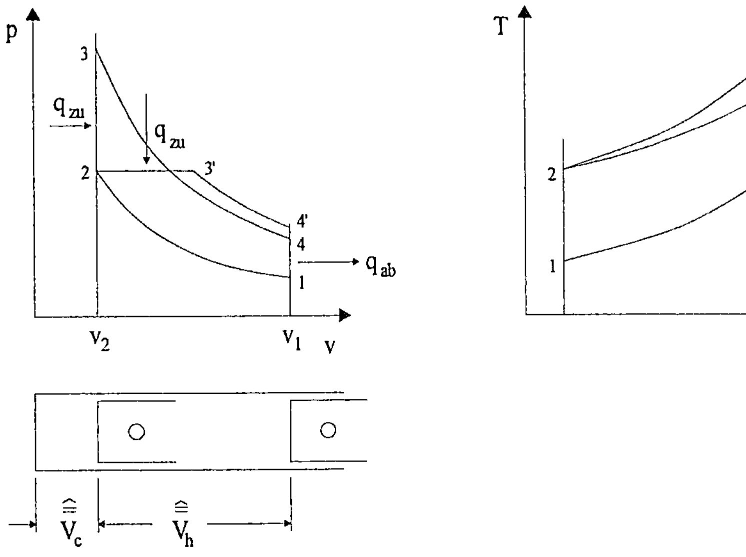

Bild 2.6 Gleichraum-/Gleichdruckprozeß

Das bedeutet, daß bei gleicher Wärmezufuhr (die Flächen unter den Kurven 2 - 3 und 2 - 3' sind gleich groß) der Entropiezuwachs bei einer isobaren Zustandsänderung größer ist als bei einer isochoren. Damit muß der Gleichdruckprozeß (GDP) auch wieder eine größere Wärme vom Zustandspunkt 4' nach Zustandspunkt 1 abgeben als der Gleichraumprozeß (GRP) von 4 nach 1,

$$q_{abGDP} > q_{abGRP} \cdot$$

Das läßt sich im T-s-Diagramm an der größeren Fläche unter der Kurve 1 - 4' gegenüber 1 - 4 erkennen.

Damit ist der thermische Wirkungsgrad des Gleichdruckprozesses kleiner als der des Gleichraumprozesses, wie sich mit

$$\eta_{th} = \frac{q_{zu} - q_{ab}}{q_{zu}} \quad \text{zeigen läßt.}$$

Da der Mitteldruck mit

$$p_m = \frac{q_{zu} - q_{ab}}{v_1 - v_2} \quad \text{definiert ist,}$$

ergibt sich, daß auch der Mitteldruck des Gleichraum- besser als der des Gleichdruckprozesses ist.

Der Gleichraumprozeß ist thermodynamisch günstiger als der Gleichdruckprozeß.

Allerdings läßt sich die isochore Wärmezufuhr des Gleichraumprozesses technisch kaum realisieren. Die Verbrennungsgeschwindigkeiten im realen Motor sind endlich, und der höchste Druck des Prozesses im oberen Totpunkt kann mangels Hebelarm an der Kurbelwelle des Hubkolbenmotors nicht für das Drehmoment genutzt werden. Hinzu käme auch noch die hohe mechanische Belastung durch die hohen Drücke und Drucksteigerungsgeschwindigkeiten. Aber auch der Gleichdruckprozeß ist für den Realmotor nicht ganz unproblematisch, da er mit den größeren Auslaßtemperaturen belastet ist, was sich aber technisch einfacher beherrschen läßt.

2.2.4 Gemischter Prozeß (Seiliger-Prozeß)

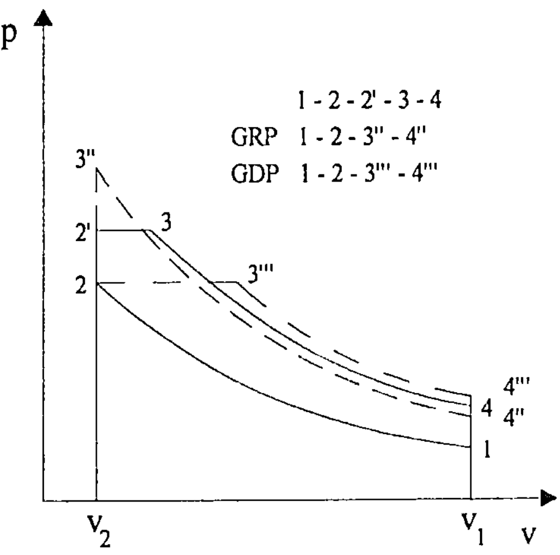

Bild 2.7 Gemischter Prozeß

Die thermodynamischen Vorgänge im wirklichen Motor lassen sich deshalb besser mit dem Seiliger-Prozeß, einer Kombination aus Gleichraum- und Gleichdruckprozeß (vergl. Bild 2.7), wiedergeben. Dabei bestimmen die Verbrennungsgeschwindigkeit und die Werkstoffbeanspruchung, wie groß der thermodynamisch günstigere Anteil des Gleichraumprozesses gewählt werden kann. So vergrößern z.B. die langsamere Verbrennungsgeschwindigkeit des Dieselmotors oder die verschleppte Verbrennung eines Wankelmotors den Gleichdruckanteil des Prozesses.

2.2.5 Einfluß der Verdichtung

Der Einfluß des Verdichtungsverhältnisses ε soll hier am Beispiel des Gleichraumprozesses verdeutlicht werden.

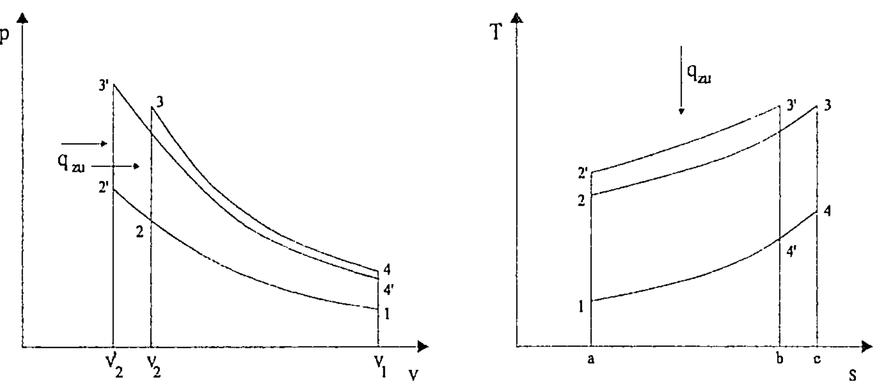

Bild 2.8 Einfluß des Verdichtungsverhältnisses

Ausgehend vom Kreisprozeß mit der Kennzeichnung 1-2-3-4 (vergl. Bild 2.8) wird das Verdichtungsverhältnis erhöht, und zwar bei gleichem Ausgangszustand 1 und gleicher zugeführter Wärmemenge nach abgeschlossener Verdichtung. Damit erhält man den Kreisprozeß mit der Bezeichnung 1-2'-3'-4'. Hier erfolgt die Wärmezufuhr bei einem höheren Druck- und Temperaturniveau mit den zugehörigen, gleich großen Flächen a-2-3-c und a-2'-3'-b im T-s-Diagramm. Man erkennt, daß sich durch die Erhöhung des Verdichtungsverhältnisses die Wärmeabgabe verringert hat. Es gilt:

$$\text{Fläche a-1-4'-b} = q_{ab}{}' < \text{Fläche a-1-4-c} = q_{ab}.$$

Daraus ergibt sich mit den Gleichungen (4) und (7)

$$\eta_{th} = \frac{q_{zu} - q_{ab}}{q_{zu}} = 1 - \frac{1}{\varepsilon^{\kappa-1}}$$

am Beispiel des Gleichraumprozesses, daß eine Erhöhung des Verdichtungsverhältnisses zu einer Verbesserung des thermischen Wirkungsgrades führt (vergl. Bild 2.9).

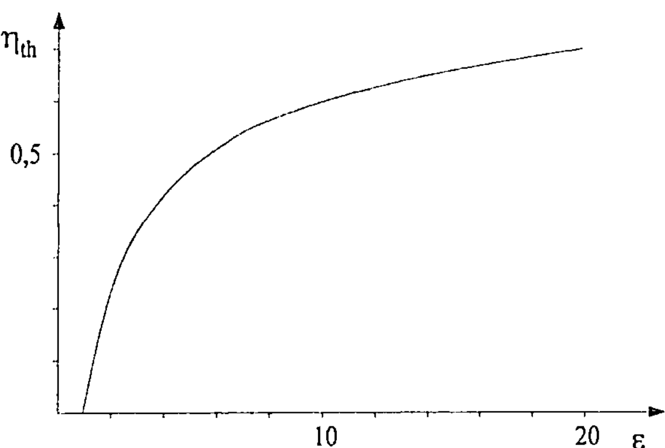

Bild 2.9 Einfluß des Verdichtungsverhältnisses auf den thermischen Wirkungsgrad
(ideales Gas $\kappa = 1,4$)

Diese Maßnahme ist mit einer
-    Senkung der Auslaßtemperatur,
-    Erhöhung des Maximaldruckes,
-    Erhöhung der Maximaltemperatur verbunden.
Allerdings führt die Steigerung des Maximaldruckes zu schwererer Motorbauweise und damit zu erhöhter Reibung, was den mechanischen Wirkungsgrad verschlechtert (vergl. Kapitel 2.4.7).

Wegen des degressiven Zusammenhanges zwischen Verdichtungsverhältnis und Wirkungsgrad wird bei einem bestimmten Verdichtungsverhältnis der Zustand erreicht, daß der thermodynamische Gewinn durch die erhöhten Reibungsverluste aufgezehrt wird. Es ergibt sich dadurch ein technisch optimales Verdichtungsverhältnis von etwa 15 bis 17.

Dieser Zusammenhang spielt besonders beim Dieselmotor eine Rolle, der vor allem für den Kaltstart auf ein hohes Verdichtungsverhältnis angewiesen ist. Es werden Verdichtungsverhältnisse zwischen 14 und 23 (vereinzelt bis 24) realisiert.

Beim Ottomotor wird die Erhöhung des Verdichtungsverhältnisses durch die Selbstzündungsgefahr (Klopfgefahr) eingeschränkt. Die Motoren werden mit Werten zwischen 6 bis 12 gebaut.

2.2.6 Die thermischen Verluste des Idealprozesses

Die Grenzen des Kreisprozesses werden durch die Bauart der Verbrennungkraftmaschine bestimmt. Es sind dies die:
- obere Grenze: maximal zulässiger Druck und maximal zulässige Temperatur,
- untere Grenze: die Umgebungstemperatur und die durch den Kurbeltrieb begrenzte Expansion.

Aus dem p-v- und dem T-s-Diagramm am Beispiel des Gleichraumprozesses erkennt man (vergl. Bild 2.10):
- die Verluste durch "nicht umkehrbare Verbrennung" (Fläche unter der Isothermen 1-6 im T-s-Diagramm),
- die Verluste durch den Verzicht auf "umkehrbare Rückführung der Verbrennungsprodukte", die vor allem wegen der isothermen Verdichtung von Punkt 6 nach Punkt 1 und der damit verbundenen trägen, zeitaufwendigen Wärmeabgabe bei Verbrennungskraftmaschinen nicht genutzt werden können (Fläche 1-5-6),
- die Verluste der "unvollkommenen Dehnung", die wegen des Kurbeltriebes zwar nicht unmittelbar im Motor umgesetzt werden können, wohl aber durch Entspannung z.B. in einer Abgasturbine und damit zur Vorverdichtung der Frischladung im Punkt 1. Diese zumindest teilweise nutzbaren Verluste machen ca. 13 bis 15 % der zugeführten Wärme aus (Fläche 4-5-1).

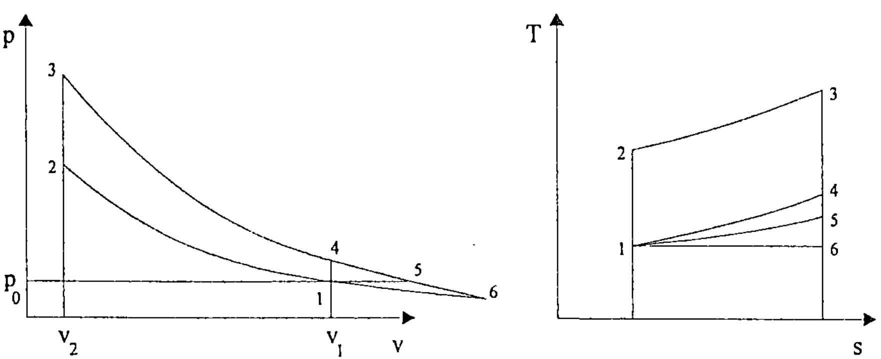

Bild 2.10 Thermische Verluste mit $p_0 = p_1$ Umgebungsluftdruck (Ansaugzustand)

2.3 Vergleichsprozeß

Hier soll der nächste Schritt auf dem Weg zum realen Motor gegangen werden. Dazu wird das ideale Gas des Idealprozesses durch ein reales Gas mit durch die Verbrennung veränderlicher Zusammensetzung ersetzt. Das bedeutet, daß die spezifischen Wärmekapazitäten c_p und c_v und der Isentropenexponent κ nicht mehr konstant sind.

Darüber hinaus wird hier mit einem Stoffaustausch statt mit einem Energieaustausch (wie beim Idealprozeß) gearbeitet. Der Stoffaustausch erfolgt in Form des idealen Ladungswechsels, d.h. mit vollkommener Restgasausspülung (Abgas-) und vollkommener Füllung mit Frischladung (Kraftstoff und/oder Luft).

Mit diesem Prozeß des "vollkommenen Motors" ist nun eine qualitative thermodynamische Auslegung des Motors mit der Feststellung und Lokalisierung entsprechender Fehlerquellen möglich.

Im folgenden sollen die Einflüsse dieser Änderungen auf den Mitteldruck und den thermischen Wirkungsgrad am Beispiel des Gleichraumprozesses untersucht werden.

2.3.1 Einfluß der veränderlichen spezifischen Wärmekapazitäten

Sie sind stoffabhängige Größen und von Druck und Temperatur abhängig. Gleiches gilt damit auch für den Isentropenexponenten

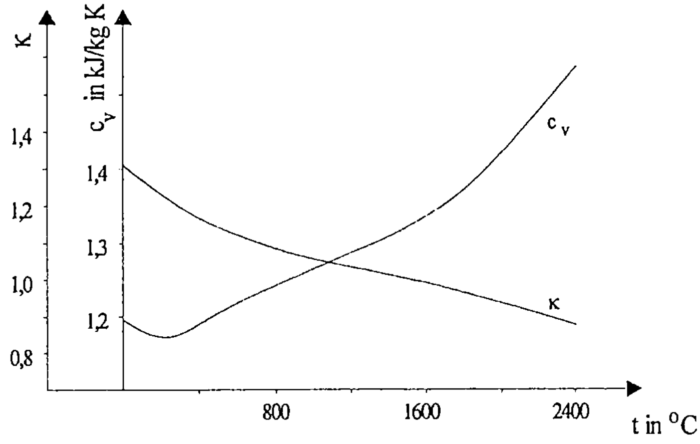

Bild 2.11 Veränderlichkeit der spezifischen Wärme für Verbrennungsgas (mit $\lambda = 1$) bei 50 bar

$$\kappa = \frac{c_p}{c_v} = f(p, T) \quad \text{(vergl. Bild 2.11)}.$$

Der stoffabhängige Einfluß der Gase läßt sich vereinfacht wie folgt darstellen. Die Wärmekapazitäten sind bei:

- einatomigen Gasen: druck- und temperaturunabhängig,
- zweiatomigen Gasen: unter ca. 20 bar nur temperaturabhängig, darüber auch druckabhängig,
- dreiatomigen Gasen: temperatur- und druckabhängig.

Für das reale Gas ergibt sich, daß bei seiner Verdichtung eine geringere Endtemperatur erreicht wird als beim idealen Gas mit dessen konstanten Isentropenexponent. Es gilt für den Zustandspunkt 2 (z.B. des Gleichraumprozesses):

$$T_{2real} < T_{2ideal}, \text{ da } \quad T_2 = T_1 \cdot \varepsilon^{\kappa-1} \quad .$$

Dadurch wird auch im Zustandspunkt 3 des Prozesses mit dem realen Gas eine geringere Temperatur als beim idealen Gas erreicht. Dazu sei für diesen Vergleich vorausgesetzt, daß jeweils von Punkt 2 nach Punkt 3 die gleiche Wärmemenge zugeführt wird. So fällt die zugehörige Temperatursteigerung

$$\Delta T = \frac{q_{zu}}{c_{vm}}$$

geringer aus, da c_{vm} mit der Temperatur stärker steigt (Betrachtung für c_{vm} vereinfacht linearisiert), bzw. es gilt

$$T_3 = T_1 \cdot \varepsilon^{\kappa-1} \cdot \frac{p_3}{p_2} \quad .$$

Für den Idealprozeß errechnen sich bis zu 30 % höhere Temperaturen. Die Nutzarbeit beim Vergleichsprozeß ist mit dem realen Gas damit kleiner, ebenso der Mitteldruck p_{mv}:

$$p_m \text{ des Idealprozesses} > p_{mv} \text{ des Vergleichsprozesses.}$$

Diesen Sachverhalt verdeutlicht auch der durch den kleineren Isentropenexponenten κ bewirkte geringere Wirkungsgrad des Vergleichsprozesses (entsprechend dem thermischen Wikungsgrad Gleichung (7))

$$\eta_v = 1 - \frac{1}{\varepsilon^{\kappa-1}} \quad \text{(für den Gleichraumprozeß)}.$$

Die Abkürzung für den Mitteldruck soll künftig zur Vereinfachung ohne den

Index m geschrieben werden, so daß der Mitteldruck des Vergleichsprozesses p_{mv} zu p_v wird.

2.3.2 Einfluß des veränderlichen Arbeitsgases

Die Zusammensetzung der Frischladung des Motors aus Kraftstoff und Luft wird mit Hilfe der *Luftverhältniszahl* λ gekennzeichnet. Sie ist definiert als der Quotient aus der tatsächlich im Zylinder vorhandenen (trockenen) Luftmenge zu der, die zur vollständigen Verbrennung des zugeführten Kraftstoffes benötigt wird. Für die stöchiometrische Verbrennung gilt: $\lambda = 1$. Bei einer Luftverhältniszahl über 1 liegt Luftüberschuß ("mageres" Gemisch) und entsprechend bei einem Wert unter 1 Kraftstoffüberschuß ("fettes" Gemisch) vor.

Einfluß der Luftverhältniszahl
Es ergeben sich für verschiedene Kraftstoffluftverhältnisse beim Vergleichsprozeß zwischen den Zustandspunkten 2 - 3 - 4 (im p-v- Diagramm) vor allem folgende Abgaszusammensetzungen:

Kraftstoffluftgemisch für den Motor mit vollkommener Restgasausspülung (Abgas-) und vollkommener Verbrennung

$$\text{mit} \quad \lambda = 1 \rightarrow CO_2 + H_2O + N_2$$
$$\lambda > 1 \rightarrow CO_2 + H_2O + N_2 + \text{Luft} \; ;$$

und beim realen Motor

$$\text{mit} \quad \lambda > 1 \rightarrow CO_2 + H_2O + N_2 + \text{Luft} + CO$$
$$\lambda < 1 \rightarrow CO_2 + H_2O + N_2 + \text{Luft} + CO + \text{Kohlenwasserstoffe.}$$

Beim Vergleichsprozeß entstehen gegenüber dem Idealprozeß, der mit einem zweiatomigen Gas abläuft, auch dreiatomige und mehratomige Gasbestandteile. Dieses Gasgemisch weist dadurch andere spezifische Wärmekapazitäten und einen kleineren Isentropenexponenten als beim Idealprozeß auf, was sich am Beispiel der idealen Gase verdeutlichen läßt:

einatomige Gase	$\kappa = 1,67$
zweiatomige Gas	$\kappa = 1,4$
dreiatomige Gase	$\kappa = 1,33,$

mit wachsender Atomzahl geht der Isentropenexponent gegen 1.

Man erkennt, daß der thermische Wirkungsgrad des Vergleichsprozesses dadurch kleiner ist als der des Idealprozesses. Das führt ebenfalls zu einem geringeren Mitteldruck des Vergleichsprozesses. Daraus läßt sich für den realen Motorbetrieb aber auch ableiten, daß mit steigender Luftverhältniszahl λ der thermische Wirkungsgrad und der Mitteldruck des Vergleichsprozesses gesteigert werden können. Mit größerer Luftverhältniszahl nehmen nämlich die zweiatomigen Abgasbestandteile zu und die dreiatomigen ab (vergl. auch Bild 2.12), so daß der Isentropenexponent des Gemisches größer wird.

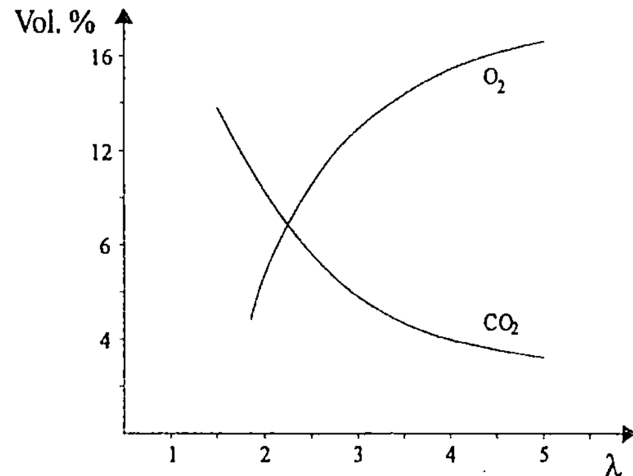

Bild 2.12 Mittlere Zusammensetzung trockener Abgase von Dieselmotoren

Einfluß der Dissoziation

Bei Temperaturen über 1500 K zerfallen die Moleküle mehratomiger Gase der Verbrennungsprodukte in einfachere Moleküle bzw. Atome (thermische Dissoziation), wobei dem Prozeß Wärme entzogen wird (endothermer Vorgang). Mit steigender Temperatur werden die Geschwindigkeiten und die Schwingungsamplituden der Moleküle größer, so daß es bei den Zusammenstößen mit benachbarten Molekülen zu diesem Zerfall kommt.

Die Dissoziation ist bei der stöchiometrischen Verbrennung mit der Luftverhältniszahl $\lambda = 1$ am größten, da bei kleineren Luftverhältniszahlen der überschüssige Kraftstoff eine größere Verdampfungswärme benötigt und bei höheren Luftverhältniszahlen weniger Kraftstoff zur Wärmeerzeugung zur Verfügung steht (siehe Bild 2.13).

Das bedeutet, daß beim Ottomotor die Dissoziation eine größere Rolle spielt als beim Dieselmotor. Auch das Verdichtungsverhältnis, das das Temperaturniveau im Zylinder mitbestimmt, beeinflußt die Dissoziation.

Die Dissoziation bewirkt bei $\lambda = 1$ eine Verminderung des Verbrennungshöchstdruckes um ca. 10 %, der Verbrennungshöchsttemperatur um ca. 250 K. Der Zustandspunkt 3 im p-v-Diagramm erreicht nur einen geringeren Wert. Der thermische Wirkungsgrad (Vergleichsprozeßwirkungsgrad η_v) wird dadurch um ca. 2 % geringer mit entsprechendem Einfluß auf den Mitteldruck p_v.

Mit zunehmender Expansion ist die Dissoziation wieder rückläufig.

2.3.3 Einfluß der Verdichtung

Der Einfluß des Verdichtungsverhältnisses ist der gleiche wie beim Idealprozeß, so daß an den Aussagen bezüglich des Wirkungsgrades und des Mitteldrucks sich grundsätzlich nichts ändert (siehe Bild 2.13).

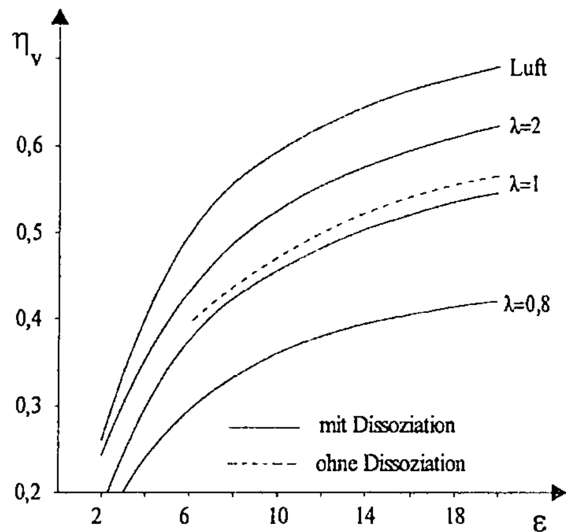

Bild 2.13 Wirkungsgrad für den vollkommenen Motor (Gleichraumprozeß)

2.3.4 Vergleich von Otto- und Dieselmotor mit Hilfe des Vergleichsprozesses

Aus dem bisher Gesagten sind folgende Schlüsse zu ziehen:

- es muß das Ziel sein, mit einer möglichst hohen Luftverhältniszahl den Motor zu betreiben, um einen guten Wirkungsgrad η_v zu erzielen,
- bei einer Luftverhältniszahl von 1 ohne Berücksichtigung der Dissoziation bzw. in deren Nähe erhält der Mitteldruck p_v seinen Bestwert.

Das bedeutet, daß der Wirkungsgrad und der Mitteldruck des Vergleichsprozesses beim gleichen Prozeß (Gleichraum-, Gleichdruck- oder Seiliger-Prozeß) nicht gemeinsam ihren jeweiligen Höchstwert haben.

Die beiden Verbrennungsverfahren unterscheiden sich nun vor allem in der Anpassung an den geforderten Lastzustand (entsprechend Drehmoment) bei einer bestimmten Drehzahl.

Beim Dieselmotor wird dies mit Hilfe der dazu erforderlichen, eingespritzten Kraftstoffmenge (z.B. bei der mechanischen Einspritzpumpe mit der entsprechenden Regelstangenstellung) in die im Zylinder angesaugte und verdichtete Luft erreicht. Die Laständerung (Vollast mit der größten Kraftstoffmenge, Teillast) erfolgt also mit Änderung der Luftverhältniszahl. Das bedeutet, bei Vollast werden die Motoren mit Luftverhältniszahlen von λ etwa 1,1 bis 1,9 je nach

Einspritzverfahren betrieben. Niedrigere Werte sind wegen der zunehmenden Neigung zur Rußbildung nicht möglich (vergl. Kapitel 4.2). Bei Teillast wird die Kraftstoffmenge bis zum Leerlauf verringert und die Werte für die Luftverhältniszahl steigen. Man spricht hier von der Qualitäts-, Güte- oder Gemischregelung.

Die heute in den Kraftfahrzeugen serienmäßig verwendeten Ottomotoren lassen ohne spezielle konstruktive Maßnahmen am Brennraum und an der Kraftstoffluftzufuhr einen Betrieb nur innerhalb enger Grenzen für die Zusammensetzung von Kraftstoff und Luft zu. Das Gemisch läßt sich bei einer Luftverhältniszahl von kleiner als 0,7 bis 0,8 wegen starker Innenkühlung durch die Verdampfung des Kraftstoffs und oberhalb von 1,2 bis 1,3 wegen zu großem Abstand der Kraftstoffteilchen nicht mehr einwandfrei zünden. Damit wird eine Anpassung an die Last nur durch Änderung sowohl der Kraftstoff- als auch der Luftmenge möglich. Bei Vollast arbeitet der Ottomotor mit einer Luftverhältniszahl von ungefähr 0,85 bis 0,95 und bei Teillast etwas über 1. Bei den Motoren mit Katalysatoren ist wegen deren engen Arbeitsbereichs eine Regelung der Luftverhältniszahl auf 1 erforderlich. Es liegt beim Ottomotor eine Quantitäts-, Mengen- oder Füllungsregelung vor, gesteuert mit Hilfe der Drosselklappe.

Es ergibt sich bei den Kennwerten des Vergleichsprozesses für den Ottomotor wegen des geringeren Niveaus der Luftverhältniszahl ein etwas schlechterer Wirkungsgrad η_v (ca. 0,4 bis 0,48) als beim Dieselmotor (ca. 0,53 bis 0,60). Dabei werden in der Regel für den Ottomotor der Gleichraum- und für den Dieselmotor der Gleichdruckprozeß zu Grunde gelegt. Die tatsächlichen Druckverhältnisse des realen Motors werden dann mit dem Gütegrad η_g berücksichtigt (vergl. Kapitel 2.4.1).

Durch die größeren Luftverhältniszahlen und den angewendeten Gleichdruckprozeß ist der Mitteldruck p_v beim Dieselmotor dagegen kleiner.

2.4 Wirklicher Prozeß (wirklicher Motor)

Der Vergleichsprozeß hat die Möglichkeit zur qualitativen Beurteilung eines für einen Motor gewählten Prozesses geschaffen. .

Der wirkliche (reale) Prozeß ermöglicht nun die Kennzeichnung der Unvollkommenheit des Motors, wie mit der nicht vollständigen Ausspülung der Abgase, der unvollkommenen Verbrennung, endlichen Verbrennungsgeschwindigkeit, dem Wärmeaustausch an den nicht wärmedichten Brennraum- und Zylinderwänden, den Strömungsverlusten, den Durchblaseverlusten an den Kolbenringen usw..

Damit hat der reale Prozeß eine geringere Energieausbeute bzw. einen geringeren

Mitteldruck als der Vergleichsprozeß (bei dem diese Werte gegenüber dem Idealprozeß ja ebenfalls kleiner ausfallen).

Die angesprochenen technischen Unzulänglichkeiten des wirklichen Prozesses werden mit den folgenden Größen beschrieben:

- Gütegrad η_g: er erfaßt alle Unterschiede, die zur geringeren Energieabgabe an den Kolben beim realen Prozeß gegenüber dem Vergleichsprozeß führen;

nicht damit berücksichtigt werden die Verluste, die sich ergeben durch den

- Liefergrad λ_L: das Verhältnis der zu Beginn der Verdichtung im Zylinder vorhandenen tatsächlichen Ladungsmasse zu der des Vergleichsprozesses

und den

- Gemischheizwert H_G: den Einfluß des Kraftstoffes und Kraftstoffluftgemisches auf die Verbrennung.

Die so erzielte und an den Kolben abgegebene Energie des realen Prozesses steht allerdings nur nach weiteren mechanischen Verlusten an der Schwungscheibe des wirklichen Motors zur Kraftabgabe zur Verfügung. Diese zusätzlichen Verluste müssen dann mit Hilfe des mechanischen Wirkungsgrades η_m erfaßt werden.

2.4.1 Gütegrad

Einfluß der Restgase

Der Kolben überstreicht zwischen dem unteren und oberen Totpunkt lediglich das Hubvolumen, so daß die im Kompressionsraum V_c verbleibenden Restgase (Abgase) nur durch dynamische Strömungsvorgänge mehr oder weniger ausgespült werden können. Gegenüber dem vollkommenen arbeitet der reale Motor demnach mit einer *unvollkommenen Restgasausspülung*.

Die im Zylinder verbleibenden Abgase führen zu höheren Temperaturen zu Prozeßbeginn. Diese und die im Restgas vorhandenen Anteile dreiatomiger Gase ergeben größere spezifische Wärmen und damit einen geringeren Prozeßwirkungsgrad. Diese Wirkungsgradverschlechterung gegenüber dem Vergleichsprozeß (vollkommenen Motor) durch die unvollkommene Restgasausspülung wird beim realen Prozeß nun durch die Verringerung des Gütegrades einberechnet.

Weiterhin wird der Gütegrad dadurch verschlechtert, daß die mangelhafte Restgasausspülung außerdem die Dissoziation unterstützt. Auch wird die Verbrennung wegen der dadurch nur geringeren möglichen Frischladungsmenge verlangsamt, was einer Vergrößerung des Gleichdruckanteils im Prozeß gleichkommt.

Einfluß der Ladungswechselarbeit

Der Ladungswechsel (das Ausschieben, Ausspülen der Abgase und das Ansaugen der Frischladung) kann nicht wie beim Vergleichsprozeß auf der atmosphärischen Grundlinie erfolgen (im p-v-Diagramm). Unter anderem unterliegt die Gasströmung in den Kanälen Reibung, Drosselung in · den Ventilquerschnitten und Beschleunigungsvorgängen. Zudem haben die Kanäle Umlenkungen, und für den Ladungswechsel ist Zeit erforderlich. Der Ladungswechsel kann damit nur mit Unterdruck im Ansaugsystem und Überdruck im Abgassystem erfolgen.

Es ergibt sich im p-v-Diagramm um die atmosphärische Grundlinie die Gaswechselschleife (siehe Bild 2.14). Da sie linksumlaufend ist, liegt eine negative Gaswechselarbeit vor, die die Nutzarbeit des Prozesses verringert. Bei Saugmotoren ist die Ladungswechselarbeit fast immer negativ (vergl. Kapitel 2.4.2 zu c)).

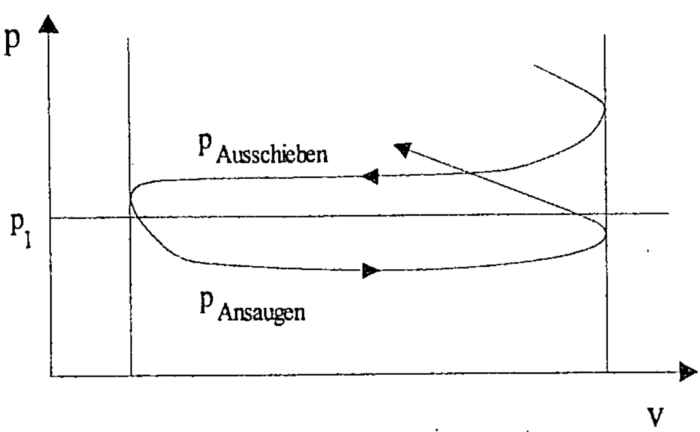

Bild 2.14 Ladungswechselarbeit (schematische Darstellung)

Man erkennt, daß der Prozeßanfangsdruck um so geringer ist, je größer die Ansaugwiderstände sind, die ja die Ladungswechselarbeit bestimmen (siehe Bild 2.15). Dies ist besonders bei Ottomotoren im Teillastbereich durch die mehr oder weniger geschlossene Drosselklappe der Fall. Im übrigen kommt es auch zu Füllungsverlusten, wie später noch gezeigt werden muß.

Im Leerlauf muß bei Saugmotoren mit Drosselklappe demnach der Arbeitsinhalt der Kraftstoffmenge so groß sein, daß die Ladungswechselarbeit und die mechanischen Verluste des Motors überwunden werden können.

Man muß also versuchen, die Ansaugwiderstände durch konstruktive Maßnahmen möglichst gering zu halten, z.B. durch glatte Wandungen (Polieren) der Ansaugkanäle, gerade Ansaugwege, Querstromzylinderkopf. Bei diesem liegen Ansaug- und Abgaskanäle auf den einander gegenüberliegenden Seiten des Zylinderkopfes. Im Gegensatz dazu hat der Gegenstromzylinderkopf Ansaug- und Abgassystem auf derselben Zylinderkopfseite, wodurch die Leitungsführung eingeengt ist und die Gasströmung vom Einlaß zum Abgassystem umgelenkt werden muß.

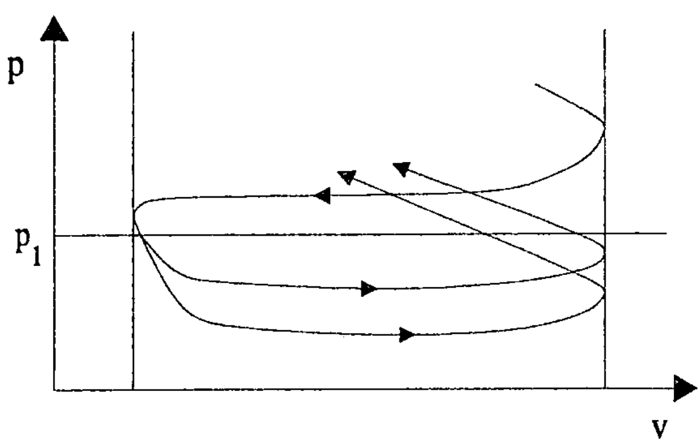

Bild 2.15 Wirkung der Drosselung im Ansaugtrakt (schematische Darstellung)

Das ist bei der konstruktiven Auslegung die Abgasseite mit berücksichtigen, um den Ladungswechsel durch einen günstigen Verlauf der schwingenden Gassäule vom Ein- zum Auslaß verlustarm zu gestalten.

Die sogenannte „Motorbremse", die als mögliche Art eines bei Nutzkraftwagen gesetzlich geforderten Verlangsamers verwendet werden kann, macht sich die Vergrößerung der Ladungswechselarbeit durch eine zuschaltbare Drosselklappe im Auspuffsystem zunutze.

Einfluß der Kühlung

Der reale Motor arbeitet mit polytroper statt isentroper Kompression bzw. Expansion.

Die angesaugte, kalte Frischladung wird zu Beginn der Kompression durch die warmen Zylinder- und Brennraumwände aufgeheizt, so daß es zu einem stärkeren Anstieg gegenüber der Isentropen kommt. Durch die zunehmende Verdichtung kann die Frischladung ihrerseits Wärme an die nun kühleren Zylinder- und Brennraumwände abgeben. Das führt dann zu einem schwächeren Anstieg der Verdichtungslinie zwischen den Zustandspunkten 1 und 2 gegenüber der Isentropen.

Beim Expansionshub wird den heißen Gasen im Zylinder durch die gekühlten Zylinder- und Brennraumwände Wärme und damit Arbeitsvermögen entzogen. Die Expansionslinie zwischen den Zustandspunkten 3 und 4 fällt steiler ab als die Isentrope.

Außerdem sind beim realen Prozeß die Zustandsänderungen reibungsbehaftet und damit nicht reversibel. Es entstehen gegenüber dem Vergleichsprozeß zusätzliche Verlustflächen im Zustandsdiagramm $p = f(v)$ (vergl. auch Bild 2.19).

Die Kühlung des realen Motors ist neben den Werkstoffeigenschaften besonders wegen der begrenzten Temperaturfestigkeit des Schmieröls erforderlich, das oberhalb einer Temperatur von ca. 300 $^{\circ}$C zu verkoken beginnt.

Der größte Teil der Kühlwärme - etwa 60 bis 70 % - werden im Bereich des Verbrennungsraumes abgegeben.

Einfluß der Verbrennung

Bei den bisher besprochenen Kreisprozessen erfolgt die Wärmefreisetzung beim Gleichraumprozeß isochor. Dies kann und darf beim realen Motor nicht erreicht werden, wie im Kapitel 2.2. „Idealprozeß" schon angedeutet wurde.

Die isochore Verbrennung ergibt zu hohe Spitzendrücke mit den damit verbundenen zu hohen mechanischen Lagerbelastungen. Diese Drücke können zudem mangels Hebelarm an der Kurbelwelle nicht in Drehmoment umgesetzt werden. Auch zu großer Druckanstieg führt mit dem Spitzendruck zu hohen Temperaturen, was eine Verschlechterung des Wirkungsgrades des Vergleichsprozesses bewirkt (Einfluß der spezifischen Wärmen). Die Anhaltswerte für den Druckanstieg $dp/d\alpha$ vor dem oberen Totpunkt liegen bei etwa bis zu 4 bar/$^{\circ}$KW, um einen harten Motorgang zu vermeiden (Bild 2.16). Aber auch der Gütegrad wird geringer, da ein größeres Wärmegefälle zu den gekühlten Brennraum- und Zylinderwänden den Wärmeübergang fördert. Zudem läßt sich eine isochore Wärme-

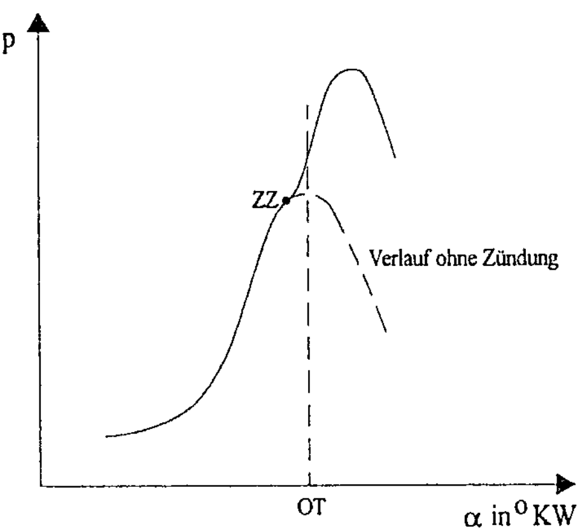

Bild 2.16 Druckverlauf im Brennraum (schematische Darstellung)
ZZ: Zündzeitpunkt   KW: Kurbelwinkel

umsetzung nicht verwirklichen. Der reale Motor arbeitet mit einer endlichen Verbrennungsgeschwindigkeit, die mit steigender Luftverhältniszahl wegen des damit verbundenen größeren Abstandes der Kraftstoffteilchen sinkt und so zur Verringerung des Gütegrades η_g beiträgt. Sie beträgt bei einem Ottomotor z.B. im Teillastbeich ($\lambda \approx 1{,}1$) ungefähr 20 bis 40 m/s. Sie wird auch durch die konstruktiven Gegebenheiten des Brennraumes und der Gaswege beeinflußt.

Die Gemischbildung und daraus folgend die Verbrennung (Vollständigkeit der Verbrennung und Veränderung der Verbrennungsgeschwindigkeit, z.B. eine Verringerung und damit eine Verschiebung in Richtung Gleichdruckprozeß) bestimmen mit die Größe des Gütegrades η_g.

Einfluß der Durchblaseverluste

Darunter sind Ladungsverluste zu verstehen, die sich durch die unvollkommene Abdichtung vor allem der Kolbenringe, in weit geringerem Maße auch durch die Ventile ergeben. Diese Verluste nehmen mit dem Verdichtungsverhältnis und dem Flankenspiel der Kolbenringe zu. Die Ladungsverluste können bei normalem Motorbetrieb bis zu 2 % ausmachen. Zu ihrer Verringerung werden die Kolbenringe mit ihren Trennschlitzen um 180° zueinander verdreht eingebaut.

Die Kolbenringe dichten den Verbrennungsraum zum Kurbelgehäuse hin federnd ab (Bild 2.17) und gleichen das wechselnde Wärmespiel zwischen Kolben und Zylinderwandung aus. Dabei haben sie auch noch die Aufgabe der Ableitung der Kolbenwärme an die gekühlten Zylinderwände. Die Abdichtung erfolgt mit Hilfe der sogenannten Verdichtungsringe (meistens zwei). Der untere Kolbenring, der Ölabstreifring (mindestens einer), hält das Öl weitestgehend vom Brennraum fern.

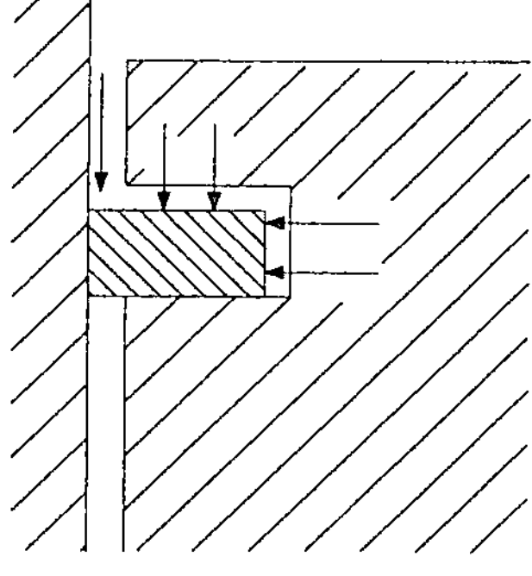

Bild 2.17 Abdichtung gegen den Gasdruck durch die
Kolbenringe

Die Verluste sind besonders bei Motoren im kalten Betriebszustand groß. Die Kolben sind zum Ausgleich der unterschiedlichen Wärmedehnung zwischen ihnen und den Zylinderrohren in ihrer Höhe (Kolbenhemd) leicht ballig oder konisch und im Bereich des Kolbenbolzens im Kolbenschaft oval gefertigt. Eine Verbesserung bringen, wie Versuche bisher zeigten, Kohlenstoffkolben. Dieser Werkstoff dehnt sich nur um ein Drittel von Aluminium aus und erfordert damit erheblich geringere Laufspiele.

Bei nicht drehzahlbegrenzten oder ansaugseitig entsprechend (weniger) gedrosselten Motoren kann es bei hohen Drehzahlen, Kolbengeschwindigkeiten zu Resonanzschwingungen der Kolbenringe, dem Kolbenringflattern, kommen. Das führt natürlich neben den mechanischen Problemen zu einer Verstärkung der Durchblaseverluste. Die Drehzahlsteigerung an sich hat kaum einen Einfluß auf diese Verluste.

Einfluß des vorzeitigen Öffnens der Auslaßventile

Die isochore Wärmeabgabe des Vergleichsprozesses zwischen den Zustandspunkten 4 und 1 ist wegen des Zeitbedarfs für das Ausschieben der Abgase nicht möglich. Die Auslaßventile müssen deshalb beim realen Motor vor dem Erreichen des unteren Totpunktes bereits geöffnet werden (Vorauslaß), was zu einem Druckverlust und einer kleineren Nutzarbeitsfläche im p-v-Diagramm führt. Es ergeben sich gegenüber dem Vergleichsprozeß kleine Verlustflächen (Bild 2.18, vergleiche Bild 2.7).

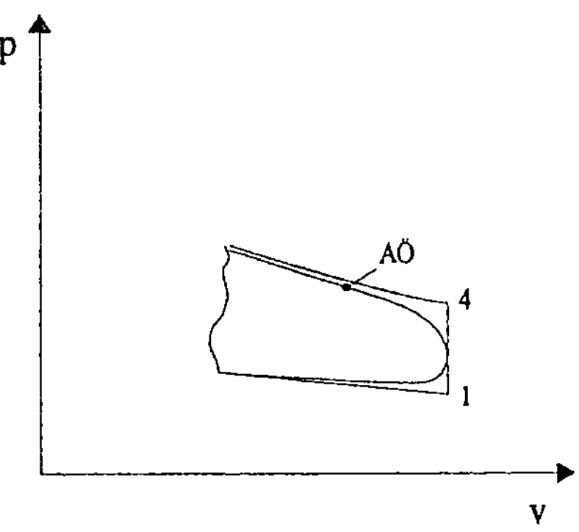

Bild 2.18 Arbeitsverlust durch Öffnung des Auslaßventils vor UT

Je früher die Auslaßventile geöffnet werden, desto größer sind die Verluste bezüglich der Nutzenergie. Das führt aber auch zu einem größeren Druckgefälle für den Ladungswechsel. Beim Zweitaktmotor kann z.B. davon für die Ausspülung der Zylinder gebraucht gemacht werden oder bei Motoren mit Abgasturboaufladung. Ein spätes Öffnen bringt dagegen eine mögliche größere Nutzenergiefläche im Diagramm, wobei sich ein schlechterer Ladungswechsel mit im Zylinder verbleibenden Restgasen ergibt. Ein Optimum muß zwischen diesen beiden Öffnungszuständen gefunden werden.

Einfluß der Überschiebeverluste bei Motoren mit unterteiltem Brennraum

Es handelt sich hier vor allem um Dieselmotoren mit Vor- bzw. Wirbelkammer. Hier werden die Gase während des Kompressionshubes durch die Überströmquerschnitte in die Kammer ein- und dann durch die in dieser beginnenden Verbrennung beim Expansionshub wieder in den Zylinderraum zurückgeschoben. Die dabei entstehenden Strömungs- und Wärmeverluste nehmen mit der Höhe der Verdichtung, der Motordrehzahl, der Größe des Kammervolumens und der Verringerung der Strömungsquerschnitte zwischen Kammer und Zylinderraum zu.

Einfluß der Einlaß- und Verbrennungsraumgestaltung

Die Gemischbildung und damit auch die Verbrennung lassen sich durch die Gestaltung des Einlaßkanals konstruktiv beeinflussen. Dies wird z.B. beim Dieselmotor mit Direkteinspritzung angewendet. Hier wird durch den Dralleinlaß (Einlaßkanal leicht schneckenförmig) auf die Gemischbildung gezielt Einfluß genommen. Diese Abstimmung erfolgt dabei zugleich auch auf die Form des Brennraumes, der hier als Mulde im Kolben integriert ist. Mit der Brennraumform werden sowohl die Gemischbildung als auch der Verbrennungsverlauf optimiert. Beim Ottomotor kann man mit einer im Brennraum zentral angeordneten Zündkerze durch gleich lange Flammenwege die Verbrennung möglichst vollständig beenden. Auch die Verwendung von zwei Zündkerzen im Verbrennungsraum verfolgt dieses Ziel. Ist dies nicht möglich, bietet sich unter anderen Alternativen die sogenannte Quetschspalte zwischen Kolben und Zylinderkopf an, die dann gegenüber der Zündkerze angeordnet ist. Hier wird der noch unverbrannte Gemischanteil durch den sich aufwärts bewegenden Kolben der von der Zündkerze ausgehenden Flammenfront entgegen gedrückt (vergl. Kapitel 4.8.4).

Durch die Gemischbildung kann neben dem Verbrennungsablauf auch die Verbrennungsgeschwindigkeit geändert werden. Das bedeutet eine Verschiebung zwischen dem isochoren und isobaren Verbrennungsanteil, wie es in Kapitel 2.4.1 „Einfluß der Verbrennung" angeführt worden ist.

Die Gestaltung von Einlaß und Verbrennungsraum muß ein Kompromiß sein, da hier natürlich auch noch die Strömungsverhältnisse der Frischladung zu berücksichtigen sind (vergl. Kapitel 2.4.2. „Einfluß der strömungsmechanischen Widerstände").

Zusammenfassung

Der Gütegrad erfaßt mit den Einflüssen von Gemischbildung und Verbrennung die Annäherung des realen Motors an den Vergleichsprozeß, den vollkommenen Motor. Eine gute Gemischbildung und Verbrennung verbessern den Gütegrad, aber auch, wie noch gezeigt werden muß, das Abgasverhalten des Motors.

Aus den vorhergehenden Abschnitten kann man erkennen, daß der Gütegrad nur mit Abweichungen rechnerisch vorherzubestimmen ist. Der Gütegrad für Otto-motoren liegt etwa in dem Bereich von 0,8 bis 0,9 und für Dieselmotoren im Bereich von 0,85 bis 0,9.

Beim Ottomotor steckt für die Verbesserung des Wirkungsgrades ein nicht uner-hebliches Potential in der Steuerung mittels Drosselung (Drosselklappe), wenn es vielleicht einmal möglich wird, diese durch eine Direkteinspritzung (siehe auch Kapitel 4.8.3) auch kombiniert mit veränderbaren Steuerzeiten (siehe auch Kapitel 2.4.3 und 5.4.2) zu ersetzen.

Der tatsächliche Druckverlauf im Zylinder ergibt durch die oben aufgeführten Einflüsse (des realen Motors), wie zu Beginn dieses Kapitels schon erwähnt, eine kleinere Nutzfläche im p-v-Diagramm als beim Vergleichsprozeß (Bild 2.19). Dieses Diagramm des realen Motors - das sogenannte Indikatordiagramm - erhält man durch das Indizieren. Dabei werden im Verbrennungsraum ein Drucksensor und für den Hub ein Wegsensor installiert.

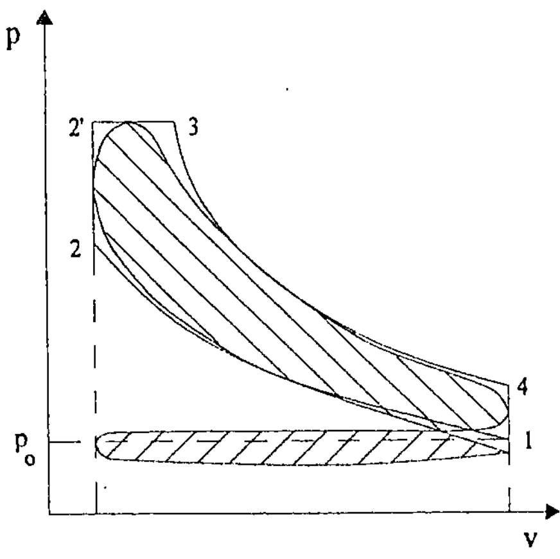

Bild 2.19 Vergleich des Druckverlaufes des realen Viertaktmotors (schraffierte Flächen) mit dem Vergleichsprozeß (Seiliger-)

Die Nutzfläche im Diagramm ist dann die innere Arbeit W_i des realen Motors. Der Gütegrad läßt sich damit wie folgt definieren:

$$\eta_g = \frac{\text{Nutzfläche des realen Motors}}{\text{Nutzfläche des Vergleichsprozesses}} = \frac{W_i}{W_v} \quad .$$

Ergänzend zu Bild 2.19 wird analog in Bild 2.20 der Ladungswechsel für den realen Zweitaktmotor dargestellt. Die Ladungswechselarbeit wird hier von der Unterseite des Kolbens bzw. von einer Spülpumpe aufgebracht.

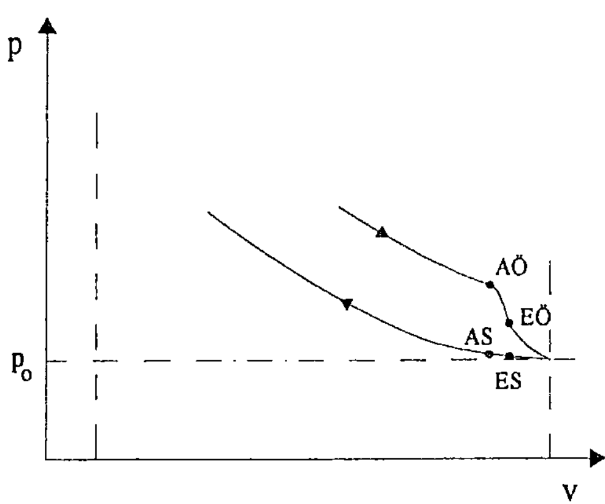

Bild 2.20 Druckverlauf des realen Zweitaktmotors (Ladungswechsel)

2.4.2 Liefergrad

Der Liefergrad ist das Maß für die im Zylinder zu Beginn der Verdichtung vorhandene Frischladungsmasse. Er kennzeichnet neben dem Gemischheizwert (vergl. Kapitel 2.4.5) die zugeführte Wärmemenge Q_{zu} und ist als das Verhältnis dieser Frischladungsmasse (beim Ottomotor ein Kraftstoffluftgemisch bzw. beim Dieselmotor Luft) zur theoretisch möglichen Masse definiert:

$$\lambda_L = \frac{m_z}{m_{th}} = \frac{m_z}{V_H \cdot \rho_{FL}} \tag{11}$$

mit: $\quad m_z = \dfrac{p_1 \cdot V_H}{R \cdot T_1} \quad .$

Dabei wird die Dichte ρ_{FL} vor dem Einlaß in die Zylinder festgestellt. Bei Saugmotoren wird häufig vereinfachend dafür der Zustand der Luft am Eingang des Luftfilters zu Grunde gelegt. Der Liefergrad stellt damit eine Art Frischladungskonzentrationsfaktor nach erfolgtem Ladungswechsel dar. Bei Saugmotoren sind die Liefergrade in der Regel < 1 (ca. bis zu 0,8 - 0,9) und bei aufgeladenen Motoren > 1.

Einfluß des Verdichtungsverhältnisses

Bei der Kolbenbewegung wird nur das eigentliche Hub- nicht aber das Kompressionsvolumen erfaßt. Das bedeutet, daß die Restgase der Verbrennung im Kompressionsraum (Verbrennungsraum) nur durch die dynamische Gasströmung mehr oder weniger vollständig entfernt werden können. Demnach kann der Liefergrad je nach Grad der dadurch erfolgenden Ausspülung schwanken zwischen:

ohne Restgasausspülung:

$$\lambda_L = \frac{p_1 \cdot V_H}{R \cdot T_1} \cdot \frac{1}{V_H \cdot \rho_{FL}} = \frac{p_1}{R \cdot T_1 \cdot \rho_{FL}} \tag{12}$$

mit Restgasausspülung (mit Gleichung (3a)):

$$\lambda_L = \frac{p_1 \cdot (V_H + V_C)}{R \cdot T_1} \cdot \frac{1}{V_H \cdot \rho_{FL}} = \frac{p_1}{R \cdot T_1 \cdot \rho_{FL}} \cdot \frac{\varepsilon}{\varepsilon - 1} \; . \tag{13}$$

Der Faktor $\dfrac{\varepsilon}{\varepsilon - 1}$ stellt eine Art Mehrmengenfaktor dar, der durch eine vollkommene Restgasausspülung erreicht werden kann. Man erkennt, daß dieser Faktor mit größer werdendem Verdichtungsverhältnis ε kleiner wird. Das bedeutet, daß bei kleineren Verdichtungsverhältnissen der Restgasausspülung eine größere Bedeutung zukommt als bei höheren, z.B. beim Ottomotor gegenüber dem Dieselmotor.

Einfluß der Restgase

Die im Zylinder verbleibenden Restgase heizen die angesaugte Frischladung auf, so daß ihre Dichte geringer wird und außerdem eine vollständige Ausnutzung des Zylindervolumens für die Frischladung nicht mehr möglich ist. Der Liefergrad wird durch eine schlechte Restgasausspülung gemindert. Die Restgasausspülung wird durch das Druckverhältnis zwischen der Einlaß- und der Auslaßseite (Abgasgegendruck) beeinflußt.

Einfluß der Motorwärme

Durch die Erwärmung der Frischladung an den
- an den Ventilen
- an den Zylinderwänden
- am Kolbenboden
und bezogen auf den Zustand vor dem Luftfilter auch durch

-   die Wärme im Motorraum (besonders bei Motorkapselung)
-   die Ansaugkrümmerwärme
-   die Wärmestrahlung des Abgaskrümmers beim Gegenstromzylinderkopf
    (Ein- und Auslaß liegen auf derselben Zylinderkopfseite)

wird die tatsächliche Dichte im Zylinder und damit der Liefergrad geringer.

Dieses und der Einfluß der Restgase kann zu Temperaturerhöhungen der Frischladung von bis zu 50° führen. Die höheren Temperaturen der Frischladung im Zylinder können zudem konstruktionsbedingt sein. So liegt das Temperaturniveau des luftgekühlten Motors naturgemäß höher. Die Gemischvorwärmungen bei Vergasermotoren für den Kaltlauf müssen deshalb mit zunehmender Temperatur zurückzuregeln sein. Auch hohe Drehzahlen führen wegen der geringeren vorhandenen Zeit für die Abkühlung zu höheren Betriebstemperaturen und damit zu kleineren Liefergraden. Fette (unwirtschaftliche) Gemische ($\lambda < 1$) kühlen den Zylinderraum wegen der größeren Verdampfungswärme der Frischladung (Innenkühlung). Ebenso führen magere Gemische ($\lambda > 1$) wegen der geringeren Brennstoffzufuhr (Wärmezufuhr) zu kleineren Zylinderraumtemperaturen.

Einfluß der strömungsmechanischen Widerstände

Die Strömungsverluste der Gasströmung im Ansaugsystem haben ebenfalls Auswirkungen auf den Liefergrad. Die Strömung pulsiert - sie ist Teil der Gasschwingung zwischen Ein- und Auslaßsystem - und ist reibungsbehaftet. Ein Stromfaden dieser instationären Gasströmung läßt sich mit Hilfe der Bernoulli-Gleichung beschreiben:

$$p + \frac{\rho}{2} \cdot v^2 + \rho \cdot g \cdot z + \rho \cdot \int_{s1}^{s2} \frac{\delta v}{\delta t} \cdot ds + \Delta p_v = \text{konstant} \quad . \tag{14}$$

statischer	geodätische	Rohrreibungs-
Druck	Höhe	verluste

Staudruck   Beschleunigung des
Gases zwischen 2
Punkten des Strömungs-
weges s

Der Gesamtwiderstand setzt sich demnach zusammen aus dem
a) Widerstand zur Überwindung der Schwerkraft $\sim \Delta z$,
b) Widerstand zur Überwindung der Rohrreibung,
c) Widerstand zur Überwindung der Trägheit.

Diese Einzelwiderstände sind konstruktiv beeinflußbar und bewirken einen um so größeren Liefergrad je kleiner diese sind.

zu a): Einfluß der Schwerkraft

Dieser Einfluß spielt bei Vergasermotoren eine Rolle, ob der Ansaugvorgang horizontal oder im Fallstrom erfolgt. D.h. die Frischladungsversorgung erfolgt mit Hilfe des Flachstromvergasers mit horizontal angeordneter Venturidüse oder mit Hilfe des für den Liefergrad günstigeren Fallstromvergasers mit vertikal angeordneter Venturidüse, wobei die Ansaugseite unten liegt. Beim früher verwendeten ungünstigeren Steigstromvergaser liegt die Ansaugseite oben.

zu b): Einfluß der Rohrreibung

Er umfaßt die Rohrreibung, Umlenkungen (dazu gehört auch der in Kapitel 2.4.1 „Einfluß der Verbrennung" angesprochene Dralleinlaß) und Querschnittsänderungen im Ansaugstrom. Die Rohrreibungsverluste (Druckverluste) lassen sich mathematisch darstellen durch:

$$\Delta p_v = \left(\lambda_r \cdot \frac{l}{d} + \sum \varsigma \right) \cdot \frac{\rho}{2} \cdot v^2 \quad . \tag{15}$$

mittlere Strömungsgeschwindigkeit
(wächst mit steigender Motordrehzahl)

Widerstandsbeiwerte der Rohrteile (Einzelwiderstände und ihre Anzahl müssen möglichst gering gehalten werden, d.h. möglichst glatte Oberflächen, keine Umlenkungen und Querschnittsänderungen)

Rohrleitungslänge (die Schwingungen des Frischgasstroms erfordern möglichst eine Abstimmung der Rohrleitungslängen auf die Motordrehzahl, vergl. auch zu c))

Rohrquerschnitt (so groß wie möglich, gilt auch für die Ventilquerschnitte, d.h. der Weg zum Mehrventilmotor, vergl. auch Kapitel 2.4.3)

Rohrreibungszahl (grundsätzlich abhängig von der vorliegenden Strömungsart)

Hieraus lassen sich z.B. Probleme der Vergasermotoren aufzeigen. Bei zu geringer Gasströmungsgeschwindigkeit v (kleiner Motordrehzahl), die einen besseren Liefergrad bewirkt, besteht die Gefahr des Ausfalls von Kraftstofftröpfchen. Mehrzylindermotoren benötigen für einen gleichmäßigenen Mitteldruck und gleichmäßige thermische Belastung in allen Zylindern die gleiche Frischladungsmenge (den gleichen Liefergrad). Das bedeutet aber, daß für alle Zylinder gleiche Ansaugwege und -querschnitte, gleiche (kleine) Strömungswiderstände und gleiche Frischladungsaufwärmung gewährleistet sein müssen. Ein Ausweg scheinen Mehrvergaseranlagen zu sein. Allerdings entstehen hierbei gegenüber der Versorgung mit einem Vergaser auf Grund der weniger gleichmäßigen Gasströmung, die ja durch das Öffnen und Schließen der Ventile pulsiert (schwingt), höhere Reibungsverluste. Diese Probleme lassen sich nur mit Kompromissen bei der Vergaserbestückung lösen oder besser durch eine Einspritzanlage, die heute wegen der Abgasproblematik den Vergaser verdrängt. Bei Zentraleinspritzanlagen (z.B. Monojetronic) liegen die Probleme ähnlich, wenn auch nicht ganz so groß wie bei der Versorgung mit nur einem Vergaser.

zu c): Einfluß der Trägheit:
Der Ladungswechsel - der Austausch der Verbrennungsgase gegen die Frischladung möglichst einschließlich der Restgasausspülung - vollzieht sich, ausgelöst durch die sich öffnenden und schließenden Steuerorgane (z.B. Tellerhubventile oder Schlitze), pulsierend. Es besteht zwischen dem Einlaß- und Auslaßsystem eine schwingende Gasströmung mit entsprechenden Beschleunigungsvorgängen. Diese Beschleunigungen bewirken eine Minderung des Druckgefälles im Ansaugkanal zum Zylinderraum. Die Massenträgheit der Frischladung und zusätzlich die Drosselung an den Steuerorganen haben eine zeitliche Verzögerung dieser Gasströmung gegenüber den Steuerorganen zur Folge. Das führt zu einer Verschlechterung des Liefergrades.

Dieses Problem läßt sich dadurch mindern, daß die Einlaßsteuerorgane (z.B. Einlaßventile) vorzeitig (vor OT) geöffnet und später (nach UT) geschlossen werden (vergl. auch Kapitel 2.4.1 „Einfluß des vorzeitigen Öffnens der Auslaßventile"). Dazu nutzt man die Gasdynamik möglichst so, daß der Einlaß dann geöffnet wird, wenn sich dort ein „Druckberg" der Gasschwingung gerade gebildet hat und er erst dann wieder geschlossen wird, wenn nochmals ein solcher „Druckberg" gerade in den Zylinder gelangt. Mit diesem Nachladeeffekt ist es durchaus möglich, daß zu Beginn der Verdichtung der Druck im Zylinder über dem der Umgebungsluft liegt (das bedeutet, daß das Ansaugvolumen dabei größer sein kann als das Hubvolumen). Es läßt sich, wie oben erwähnt, so auch das Kompressionsvolumen strömungsdynamisch erfassen. Dieser Effekt kann z.B. durch eine Schwingrohraufladung verbessert werden, bei der jeder Zylinder durch ein eigenes in der Länge abgestimmtes Saugrohr mit einem Sammelbehälter verbunden ist. Mit Sammelrohren lassen sich auch in bestimmten Drehzahlbereichen Resonanzeffekte für die Frischladung nutzen. Als weitere Möglichkeit sei die Resonanzaufladung angeführt. Hier werden die Zylinder in Gruppen mit gleichem Zündabstand über kurze Rohre mit Resonanzbehältern zusammengefaßt, die ihrerseits dann über abgestimmte Resonanzrohre mit der Umgebungsluft verbunden sind. Wie beim Ansaugsystem ist auch die Abstimmung der Abgasleitungen für den Ladungswechsel von großer Bedeutung, was vor allem für Zweitaktmotoren gilt. Der Nachladeeffekt bedarf demnach der Resonanz zwischen der Motordrehzahl und der Gasschwingung. Das bedeutet, daß neben den Ventilsteuerzeiten (vergl. Kapitel 2.4.3) die Ansaugrohre in ihrer Länge veränderlich sein müssen, um ihn in einem größeren Drehzahlbereich nutzen zu können. Das führt zu Schaltsaugrohren mit veränderlichen Längen (kurz für den oberen, lang für den unteren Drehzahlbereich, vergl. Bild 2.21) oder zur drehzahlgesteuerten Koppelung bzw. Trennung der mit gleichem Zündabstand zusammengefaßten Zylindergruppen (vergl. Bild 2.22). Der Effekt ist aber auch z.B. durch Querschnittsveränderung der Abgasleitung abhängig von der Motordrehzahl zu erzielen (z.B. das EXUP-System von Yamaha).

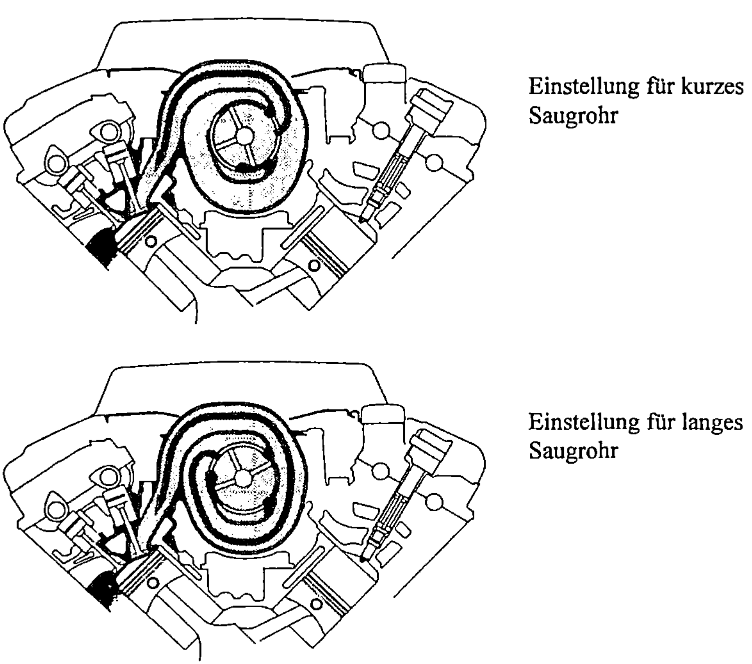

Bild 2.21 Schaltsaugrohr des AUDI V8 (aus Werkbild AUDI AG)

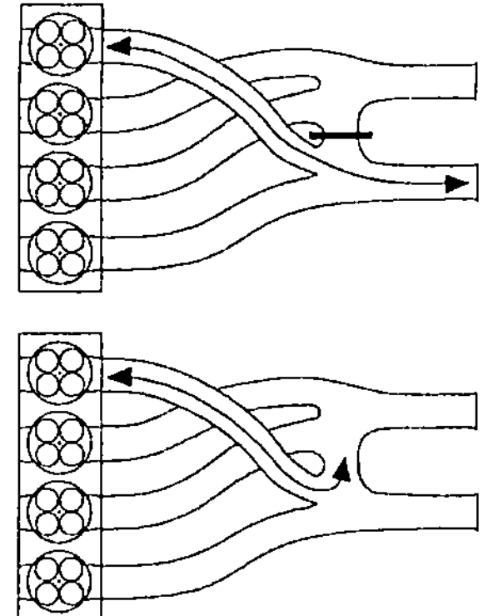

Klappe im Luftverteiler geschlossen:
den schwingenden Gassäulen stehen
lange Saugrohre zur Verfügung

Klappe im Luftverteiler offen:
Reflexion der Gassäulen im
Luftverteiler ergibt kurze effektive
Saugrohrlängen

Bild 2.22 BMW DISA (differenzierte Sauganlage)

Einfluß der klimatischen Verhältnisse

Die Leistung der Motoren wird bei einem genormten Bezugszustand ausgelegt, in der europäischen Union nach der Richtlinie 80/1269/EWG mit dem Luftdruck 0,99 bar (p_1) und der Ansaugtemperatur 298 K (T_1). Der Liefergrad λ_L (vergleiche Gleichung (11)) wird bei abnehmendem Luftdruck und zunehmender Temperatur schlechter, da die Masse m_z geringer wird. Für die Dichte ρ_{FL} gilt der Bezugszustand. Auch mit größerer Luftfeuchtigkeit wird wegen der dadurch geringeren Zahl der Luftmoleküle der Liefergrad kleiner.

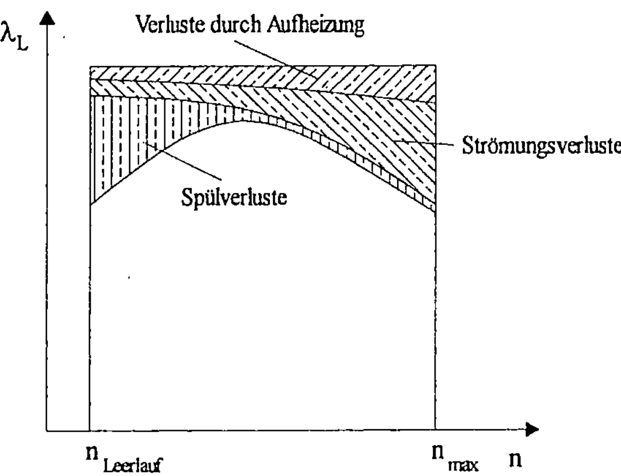

Bild 2.23 Liefergrad abhängig von der Motordrehzahl

2.4.3 Steuerung des Ladungswechsels

Die Steuerung des Ladungswechsels erfolgt beim Viertaktmotor so gut wie ausschließlich mit Hilfe von Tellerhubventilen. Bei Zweitaktmotoren kann dies auch mit vom Kolben überstrichenen Schlitzen in der Zylinderwand (Schlitzsteuerung), Membranventilen oder Drehschiebern geschehen. Die Ventile (und auch die Drehschieber, die allerdings weniger verbreitet sind,) werden mechanisch über den Ventiltrieb betätigt. Es wurden und werden auch Versuche mit hydraulischen und elektromagnetischen Antrieben untersucht.

Die Aufgabe der Ladungswechselsteuerung besteht darin, möglichst viel Frischladung und diese möglichst schnell in den Zylinder gelangen zu lassen, um einen guten Liefergrad zu erzielen. Dabei wird auch die Gemischbildung für einen günstigen Gütegrad unterstützt. Das bedeutet, daß z.B. die Ventile des Viertaktmotors rechtzeitig öffnen und schließen, daß sie schnell geöffnet und geschlossen werden, und daß sie im geöffneten Zustand große Querschnitte freigeben. Letztere Forderung führt zu größeren Einlaß- als Auslaßventilen, bei denen zu Beginn des Öffnungsvorganges bereits ein Sog im Abgastrakt entsteht. Das rechtzeitige Öffnen - und zwar das des Auslaßventils vor OT - führt, wie in Kapitel 2.4.1 „Einfluß des vorzeitigen Öffnens der Auslaßventile" schon erwähnt, allerdings zu einer Beeinträchtigung des Gütegrades. Es gilt den besten Kompromiß zu finden.

Neben den geometrischen Abmessungen spielt dabei auch der Faktor Zeit (abhängig von der Motordrehzahl), der durch die Steuerzeiten erfaßt wird, demnach eine große Rolle. Richtiger ist eigentlich der Begriff Steuerwinkel, denn die Steuerzeiten werden in Grad Kurbelwinkel (° KW) bezogen auf OT und UT des Kolbenweges angegeben. Weiterhin haben auch

- das Arbeitsverfahren (Zweitakt-, Viertakt-)
- das Verbrennungsverfahren (Otto-, Diesel-)
- die Gemischbildung (mittels Vergaser, Einspritzung)
- das Verdichtungsverhältnis
- die thermische Belastung des Motors

einen Einfluß auf die Steuerzeiten.

Einen Überblick über den Verlauf der Steuerzeiten erhält man mit Hilfe des Steuerdiagrammes (Bild 2.24).

Anhand des mit (Tellerhub-) Ventilen gesteuerten Viertaktmotors soll der Einfluß der Steuerzeiten auf den Liefergrad gezeigt werden. Der für einen günstigen Liefergrad erforderliche Öffnungsverlauf der Ventile und damit für das in den Zylinder gelangende Frischladungsvolumen läßt sich annähernd folgendermaßen darstellen:

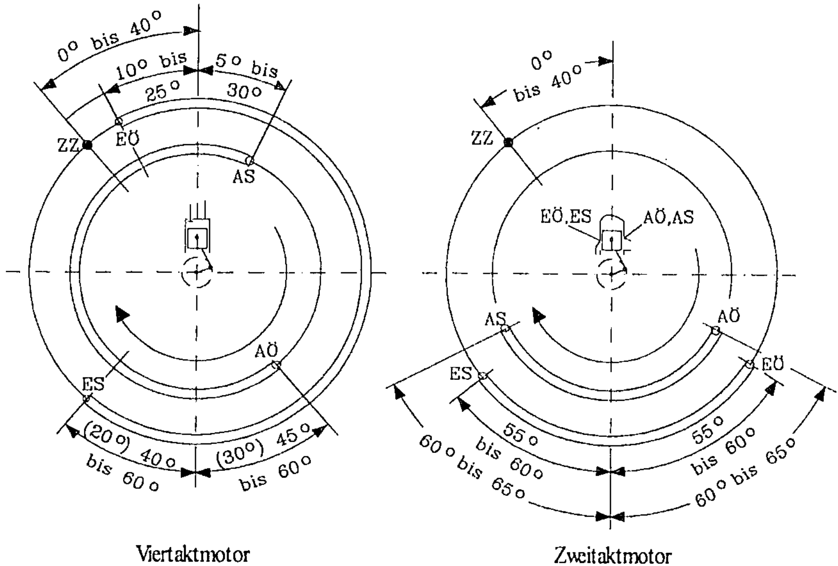

Viertaktmotor   Zweitaktmotor

Bild 2.24 Steuerdiagramme

Der vom Einlaßventil für die Frischladung freigegebene Querschnitt läßt sich mit Bild 2.25 angeben zu

$$A = \pi \cdot d_i \cdot x \cdot \sin \frac{\beta}{2} \quad .$$

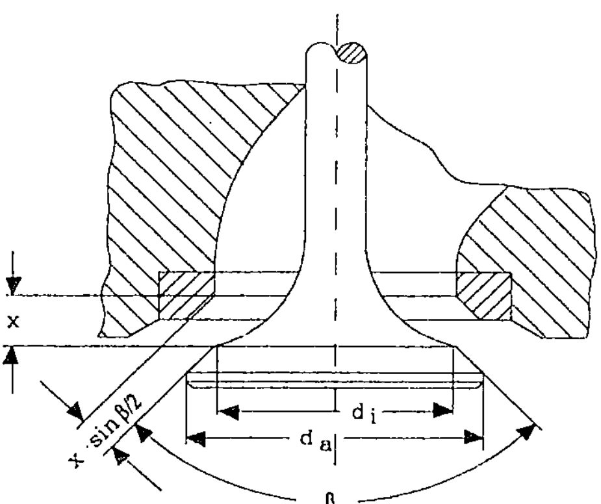

Bild 2.25 Ventilsitz (Tellerventil)

Dabei ist der Ventilhub x abhängig von der Zeit bzw. der Kurbelwinkelstellung (° KW). Der Winkel β ist normalerweise 90° wegen des guten Schlusses im Ventilsitz, bei Sportmotoren sind auch 120° für einen größeren Querschnitt möglich.

Der Querschnitt A wird wegen der Reibung und Einschnürung der Strömung im Ventilsitz nicht erreicht. Der effektive Querschnitt A_e ist bei kleinen Ventilhüben x ungefähr gleich A, wird aber mit zunehmenden Ventilhubgrößen im Verhältnis kleiner (bis ungefähr $A_e = 0,6 \cdot A$).

Man kann einen Durchflußbeiwert $\quad a = \dfrac{A_e}{A}\quad$ definieren.

Damit erhält man das in den Zylinder strömende Frischladungsvolumen (beim Ansaugzustand p_1 , T_1)

$$V_F = A \cdot v \cdot t \cdot a \quad .$$

Das Volumen wird neben dem Querschnitt natürlich von der mittleren Strömungsgeschwindigkeit v und von der Zeit t bestimmt. Auch der Querschnitt ist über den Ventilhub x von der Zeit und damit von der Kurbelwinkelstellung abhängig. Man kann deshalb umformen zu:

$$V_F = v \cdot a \cdot \int_{E\ddot{O}}^{ES} A \cdot dt = v \cdot a \cdot A_t \quad .$$

Da der Zeitquerschnitt A_t drehzahlabhängig ist, wird der Querschnitt zweckmäßigerweise auf das Kurbelwinkelintervall zwischen EÖ (Einlaßventil öffnet) und ES (Einlaßventil schließt) bezogen mit Hilfe der Zeit t_α für ein Kurbelwinkelintervall α

$$t_\alpha = \frac{\alpha}{n} \quad \Rightarrow \quad dt = \frac{d\alpha}{n} \text{, mit der Motordrehzahl n.}$$

Für das Ladungsvolumen erhält man jetzt

$$V_F = \frac{v \cdot a}{n} \cdot \int_{E\ddot{O}}^{ES} A \cdot d\alpha = \frac{v \cdot a}{n} \cdot A_w \qquad (16)$$

mit dem Winkelquerschnitt A_w, der u.a. im Ventilöffnungsdiagramm Bild 2.26 dargestellt ist.

Man kann den Einfluß der Ventilöffnung auf das Frischladungsvolumen und den Liefergrad nun mit dem Winkelquerschnitt (aus Gleichung (16)) zeigen:

$$A_W = \frac{V_F \cdot n}{a \cdot v} \quad . \tag{17}$$

Bei konstantem Ladungsvolumen V_F und konstanter Motordrehzahl n läßt sich mit einer geringeren mittleren Strömungsgeschwindigkeit v der Winkelquerschnitt vergrößern, was zu einer Verbesserung des Liefergrades λ_L führt. Denn durch die geringere Geschwindigkeit steigt der Druck der Frischladung (nach Bernoulli), und der Durchflußwiderstand nimmt ab, so daß die Dichte der Frischladung steigt.

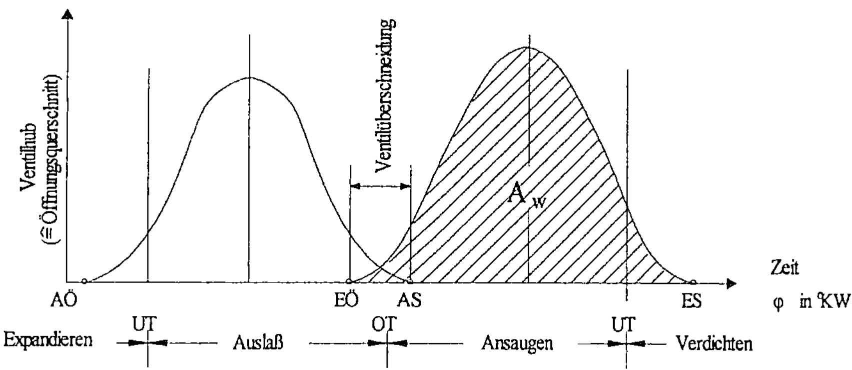

Bild 2.26 Ventilöffnungsdiagramm

Wird der Winkelquerschnitt über Motordrehzahl und Ladungsvolumen ohne Änderung der mittleren Strömungsgeschwindigkeit vergrößert, ergibt sich die Möglichkeit, den Liefergrad λ_L trotz Drehzahlsteigerung zur Verbesserung der Motorleistung unverändert zu lassen. Anhaltswerte für die maximale mittlere Strömungsgeschwindigkeit im Einlaß liegen dabei zwischen 70 und 120 m/s.

Es sollen Möglichkeiten zur Vergrößerung des Winkelquerschnitts aufgezeigt werden. Es ist aber immer zu bedenken, daß bei Änderung der geometrischen Bedingungen die Abhängigkeit der dynamischen Strömungsvorgänge von der Motordrehzahl zu beachten ist:

- schnelleres Öffnen und Schließen der Ventile:
  diese Maßnahme führt aber zu größeren Massenkräften, damit zu notwendigen härteren Ventilfedern, die wiederum größere Flächenpressungen im Ventiltrieb hervorrufen;
- Vergrößerung des Ventilhubes x:
  diese Maßnahme führt zu den gleichen Problemen wie das schnellere Öffnen der Ventile, außerdem hat der Ventilhub räumliche Grenzen;

- Mehrventiltechnik (Bild 2.27):
  es ergeben sich insgesamt größere Querschnitte, wodurch eine deutliche Verbesserung des Ladungswechsels erzielt wird; es ist sogar eine getrennte Ansteuerung der Ventile für einen Zylinder zur besseren Anpassung des Frischladungsbedarfs abhängig von der Drehzahl denkbar;

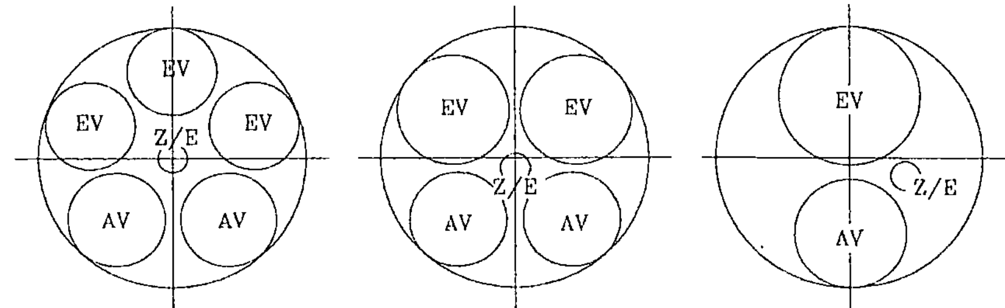

Bild 2.27 Beispiele für Ventilkonfigurationen (5 Ventile: größtmöglicher Ein-
laßquerschnitt)
Z/E: Zündkerze bzw. Einspritzventil; EV: Einlaßventil;
AV: Auslaßventil

- Ventilüberschneidung (vergl. Bild 2. 26):
  mit ihr lassen sich bessere Winkelquerschnitte zur Verfügung stellen und dabei die dynamischen Strömungvorgänge (Nachladeeffekt, vergl. Kapitel 2.4.2 „ Einfluß der strömungsmechanischen Widerstände zu c") nutzen; eine Vergrößerung der Ventilüberschneidung kann aber bei niedrigen Drehzahlen und Teillast des Motors zum Zurückschieben der Frischladung und auf Grund des Unterdrucks zu stoßweisem Rückströmen des Abgases in die Ansaugleitung führen; es wird der Maximalwert des Mitteldrucks (Kolbendrucks) des Motors zu höheren Drehzahlen verschoben, was Verlust an Mitteldruck im unteren Drehzahlbereich bedeutet; eine Verringerung der Ventilüberschneidung führt dagegen zu einer Verlagerung des maximalen Mitteldrucks zu niedrigeren Drehzahlen (vergl. Bild 2.28); eine Abhilfe sind hier veränderliche Steuerzeiten, indem z.B. eine Verdrehung der Nockenwelle abhängig von der Drehzahl erfolgt (vergl. Bild 2.29, hier wird eine Verdrehung durch eine hydraulisch gesteuerte Verschiebung des schrägverzahnten, im Gehäuse geführten Antriebsstirnrades der Nockenwelle erzielt; im Bild sind zwei Schaltstellungen dargestellt); auch für die veränderlichen Steuerzeiten gilt, daß ihre Wirkung die Strömungsmechanik der schwingenden Gassäulen sowohl im Ansaug- als auch im Abgastrakt berücksichtigt.

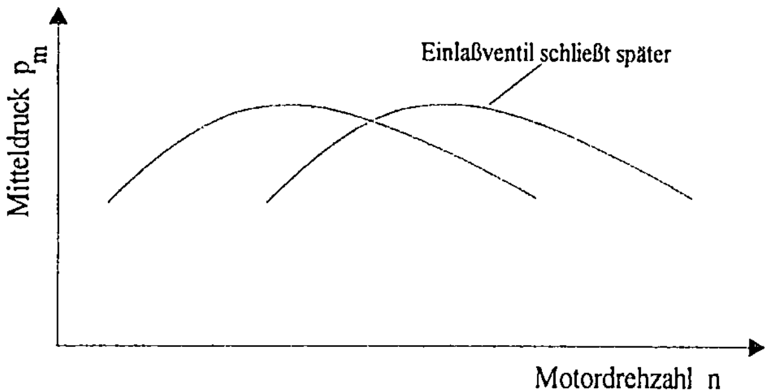

Bild 2.28 Einfluß der Schließzeiten des Einlaßventils auf den Mitteldruck

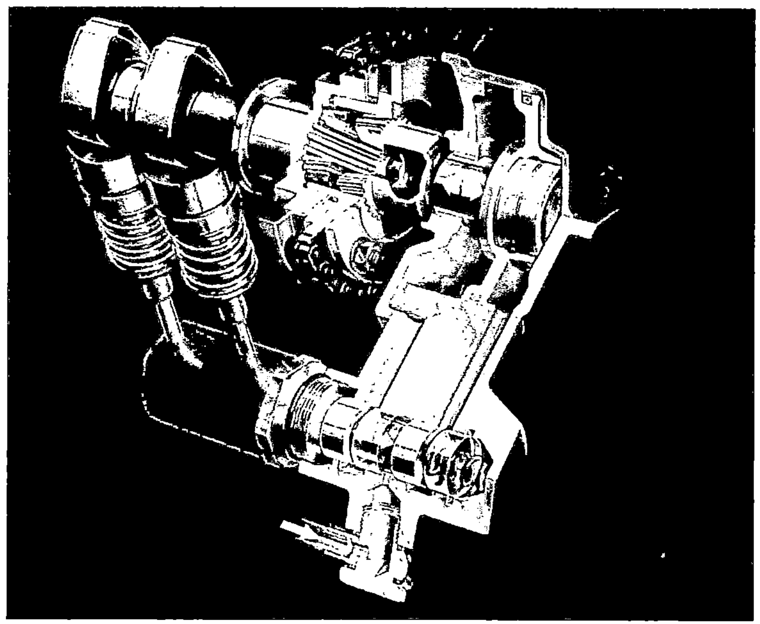

Bild 2.29 Ventilsteuerung VANOS BMW (Werkbild BMW AG)

2.4.4 Luftaufwand, Spülgrad, Fanggrad

- Der Luftaufwand ist definiert mit:

$$\lambda_a = \frac{m_{zges}}{m_{th}} \tag{18}$$

das Verhältnis der insgesamt dem Zylinder zugeführten Frischladungsmasse zur im Zylinder theoretisch möglichen. Die zugeführte Masse läßt sich z. B. mittels eines Durchflußmengenmessers ermitteln.

Der Luftaufwand ist das Maß für die dem Motor zugeführte Frischladung und wird auch anstelle des Liefergrades verwendet, so vor allem beim Zweitaktmotor. Wegen der relativ geringen Spülverluste beim selbstsaugenden Viertaktmotor gilt vereinfachend: $\lambda_a \approx \lambda_L$.

- Der Spülgrad ist definiert mit:

$$\lambda_s = \frac{m_z}{m_z + m_{RG}} \qquad (19)$$

das Verhältnis der im Zylinder zu Beginn der Verdichtung befindlichen Frischladungsmasse zur Summe aus dieser Frischladungsmasse und der im Zylinder dann noch befindlichen Restgasmasse (keine vollkommene Restgasausspülung).

Der Spülgrad gibt Auskunft über den Anteil der Frischladung an der im Zylinder vorhandenen Gesamtladung. Er wird neben dem Luftaufwand zur Beurteilung des Zweitaktmotors verwendet.

- Der Fanggrad ist definiert mit:

$$\lambda_z = \frac{m_z}{m_{zges}} \qquad (20)$$

das Verhältnis der im Zylinder zu Beginn der Verdichtung befindlichen Frischladungsmasse zu der insgesamt zugeführten.

Der Fanggrad ist ein Maß für die Ausnutzung des Frischladungseinsatzes. Bei selbstsaugenden Viertaktmotoren setzt man wegen der geringen Spülverluste $\lambda_z \approx 1$. Der Fanggrad wird vor allem für die Beurteilung von aufgeladenen Motoren verwendet.

Mit der Definition für den Liefer- und den Fanggrad läßt sich auch schreiben:

$$\lambda_z = \frac{\lambda_L}{\lambda_a} \quad .$$

2.4.5 Luftbedarf und Gemischheizwert

Luftbedarf

Der stöchiometrische Luftbedarf für die Verbrennung ist definiert mit:

$$L_{min} = \frac{m_L}{m_B} \quad in \quad \frac{kg\ Luft}{kg\ Brennstoff} \quad . \tag{21}$$

Die für die Energieumsetzung im Brennstoff enthaltenen Massenanteile sind:
- c Kohlenstoff
- h Wasserstoff
- o Sauerstoff
- s Schwefel.

Bei der vollständigen Verbrennung reagieren immer 1 kmol eines Brennstoffbestandteils mit 1 kmol Sauerstoff, das bedeutet z.B.

$$1\ kmol\ C + 1\ kmol\ O_2 \rightarrow 1\ kmol\ CO_2 \ .$$

1 kg C entspricht 1/12 kmol C ,

damit ergibt sich dann für c Massenanteile Kohlenstoff

$$c\ kg\ C + c/12\ kmol\ O_2 \rightarrow c/12\ kmol\ CO_2 \ .$$

Für die weiteren in 1 kg Brennstoff enthaltenen Massenanteile gilt entsprechend:

h kg H_2 reagieren mit $h/4$ kmol O_2 und s kg S mit s/32 kmol O_2.

Damit erhält man für den theoretischen Mindestsauerstoffbedarf zur vollständigen Verbrennung von 1 kg Brennstoff

$$O_{min} = \frac{c}{12} + \frac{h}{4} + \frac{s}{32} - \frac{o}{32} \quad in \quad \frac{kmol\ O_2}{kg\ Brennstoff} \ ,$$

wobei der negative o-Anteil den im Brennstoff enthaltenen Sauerstoff erfaßt (1 kmol O_2 entspricht 32 kg). In anderer Form ergibt sich:

$$O_{min} = \frac{1}{32} \cdot \left(\frac{8}{3} \cdot c + 8 \cdot h + s - o \right) \quad in \quad \frac{kmol\ O_2}{kg\ Brennstoff} \quad . \tag{22}$$

Die Luft nun enthält 21 %Vol Sauerstoff. Daraus läßt sich der Mindestluftbedarf für 1 kg Brennstoff auch schreiben mit:

$$L_{min} = \frac{O_{min}}{0,21} \quad in \quad \frac{m_N^3}{kg\ Brennstoff} \quad mit\ m_N^3 = Normkubikmeter,$$

entsprechend:

$$L_{min} = 3,335 \cdot \left(\frac{8}{3} \cdot c + 8 \cdot h + s - o \right) \quad in \quad \frac{m_N^3}{kg\ Brennstoff} . \tag{23a}$$

1 kmol Luft enthält demnach 0,21 kmol O_2 und bei Normzustand (0^0 C; 1,0133 bar) entsprechen 1 kmol Luft 22,41 m^3 Luft, sowie 1 m^3 Luft 1,293 kg Luft. Das ergibt für den Mindestluftbedarf

$$L_{min} = 4{,}312 \cdot \left(\frac{8}{3} \cdot c + 8 \cdot h + s - o \right) \quad \text{in} \quad \frac{\text{kg Luft}}{\text{kg Brennstoff}} \; . \qquad (23b)$$

Der Mindestluftbedarf liegt für Ottokraftstoffe bei 14,7 kg Luft/kg Brennstoff und für Dieselkraftstoff bei 14,5 kg Luft/kg Brennstoff.

Die für die reale Verbrennung erforderliche Luftmasse wird mit Hilfe der Luftverhältniszahl λ ermittelt (vergl. Kapitel 2.3.2):

$$\lambda = \frac{L_{erf}}{L_{min}} \qquad (24)$$

$$L_{erf} = \lambda \cdot L_{min} \; . \qquad (25)$$

Gemischheizwert H_G

Kenngrößen für die Wärmezufuhr sind der
- spezifische Heizwert H_u und
- spezifische Brennwert H_o eines Brennstoffs.

Die beiden Größen stehen im Zusammenhang:

$$H_u = H_o - \text{Verdampfungswärme des gebildeten Wassers.}$$

Da die Verdampfungswärme im Verbrennungsmotor nicht durch Kondensation zurückgewonnen werden kann, ist nur der spezifische Heizwert für den Arbeitsprozeß des Verbrennungsmotors von Bedeutung. Er wird für Ottokraftstoffe von 42700 bis 43500 und für Dieselkraftstoff mit 42500 kJ/kg Brennstoff ermittelt.

Bei den Verbrennungskraftmaschinen ist nun die Wärmemenge von Interesse, die bei der Verbrennung des Gemisches G aus Luft und Brennstoff zur Verfügung steht. Daraus wird der Gemischheizwert H_G, der die zugeführte Wärmemenge kennzeichnet (vergl. auch Kapitel 2.4.2), definiert:

$$H_G = \frac{H_u}{G} \quad \text{in} \quad \frac{\dfrac{\text{kJ}}{\text{kg Brennstoff}}}{\dfrac{m_N^3 \text{ Gemisch}}{\text{kg Brennstoff}}}$$

oder

$$\text{in} \quad \frac{\dfrac{\text{kJ}}{\text{kg Brennstoff}}}{\dfrac{\text{kg Gemisch}}{\text{kg Brennstoff}}} \; .$$

Für den Bereich der Luftverhältniszahl $\lambda \geq 1$ (mager) ergibt sich:

$$H_G = \frac{H_u}{\lambda \cdot L_{min} + 1} \quad \text{in} \quad \frac{kJ}{kg\ Gemisch} \qquad (26a)$$

mit L_{min} in kg Luft/kg Brennstoff oder

$$H_G = \frac{H_u}{\lambda \cdot L_{min}} \quad \text{in} \quad \frac{kJ}{m_N^3\ Gemisch} \qquad (26b)$$

mit L_{min} in m_N^3 Luft /kg Brennstoff.

Luftsaugende Motoren arbeiten mit kg Luft bzw. m_N^3 Luft statt mit kg Gemisch bzw. m_N^3 Gemisch.

Bei Rechnung mit der Volumeneinheit kann das Volumen der flüssigen Brennstoffe (... + 1) gegenüber dem der Luft vernachlässigt werden.

Für den Bereich der Luftverhältniszahl $\lambda \leq 1$ (fett) ergibt sich entsprechend:

$$H_G = \frac{\lambda \cdot H_u}{\lambda \cdot L_{min} + 1} \quad \text{in} \quad \frac{kJ}{kg\ Gemisch} \qquad (27a)$$

oder

$$H_G = \frac{H_u}{L_{min}} \quad \text{in} \quad \frac{kJ}{m_N^3\ Gemisch} \quad . \qquad (27b)$$

Da in diesem Bereich die Verbrennung wegen Luftmangels unvollkommen ist, kann nur noch $\lambda \cdot H_u$ je kg Brennstoff umgesetzt werden.

Der Verlauf des Gemischheizwertes in diesen beiden Bereichen der Kraftstoff-Luft-Zusammensetzung (Brennstoff-Luft-) ist in Bild 2.30 dargestellt. Der stark

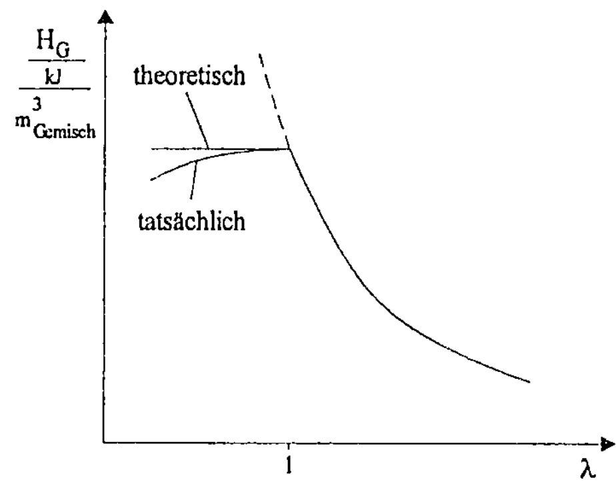

Bild 2.30 Gemischheizwert in Abhängigkeit von der Luftverhältniszahl (qualitativ)

vom theoretischen abweichende reale Verlauf im Bereich des Kraftstoffüberschusses ist mit der hier dadurch vorhandenen größeren Verdampfungswärme (Innenkühlung) und der unvollständigen Verbrennung zu erklären. Er wird mit dem Gütegrad η_g (vergl. Kapitel 2.4.1) berücksichtigt.

2.4.6 Mitteldrücke und Wirkungsgrade

Wenn die gesamte zugeführte Brennstoffenergie in Arbeit gewandelt werden könnte und diese auf den Hubraum bezogen wird, läßt sich quasi ein *„Brennstoffmitteldruck"* p_B definieren mit:

$$p_B = \frac{Q_{zu}}{V_H} \quad .$$

Für die zugeführte Wärme, die Brennstoffenergie gilt: $Q_{zu} = H_G \cdot m_z$, wobei sich die im Zylinder vor der Verbrennung befindliche Frischladungsmasse m_z (wie schon bekannt ist) beim Ottomotor aus dem Gemisch von Brennstoff (Kraftstoff) und Luft und beim Dieselmotor aus Luft zusammensetzt.

Mit der Gleichung (11): $\quad \lambda_L = \dfrac{m_z}{V_H \cdot \rho_{FL}}$

erhält man:

$$p_B = H_G \cdot \rho_{FL} \cdot \lambda_L \quad .$$

Der vollkommene Motor (Vergleichsprozeß) kann die zugeführte Wärme nur unter Wärmeverlusten ausnutzen, so daß der *Wirkungsgrad des Vergleichsprozesses* mit

$$\eta_v = \frac{Q_{zu} - Q_{ab}}{Q_{zu}}$$

und der *Mitteldruck des Vergleichsprozesses* mit

$$p_v = H_G \cdot \rho_{FL} \cdot \lambda_L \cdot \eta_v \tag{28}$$

definiert wird.

Durch die unvollkommene Gemischbildung und Verbrennung, den Einfluß der Kühlung usw. geht wiederum Energie verloren. Der Grad der Annäherung des realen Prozesses an den Vergleichsprozeß wird durch den Gütegrad η_g aufgezeigt.

Es wird der *innere Wirkungsgrad (indizierter Wirkungsgrad)* η_i definiert:

$$\eta_i = \eta_v \cdot \eta_g \quad . \tag{29}$$

Durch die Verbrennung kann nur noch der *indizierte Mitteldruck (indizierter mittlerer Kolbendruck)* p_i an den Kolben weitergegeben werden:

$$p_i = H_G \cdot \rho_{FL} \cdot \lambda_L \cdot \eta_v \cdot \eta_g = H_G \cdot \rho_{FL} \cdot \lambda_L \cdot \eta_i \quad . \qquad (30)$$

Der indizierte Mitteldruck kann am Verbrennungsmotor mittels eines Drucksensors im Verbrennungsraum in Abhängigkeit von der Kurbelwellenstellung (°KW) meßtechnisch ermittelt werden (es wird indiziert). Man erhält damit das sogenannte Indikatordiagramm, das p-v-Diagramm des realen Motors (vergl. Bild 2.19 und 2.31). Der Mitteldruck ist dann der Ordinatenwert eines dem ermittelten, tatsächlichen Flächeninhalt entsprechenden flächengleichen Rechtecks mit der Grundlänge (auf der Abszisse) entsprechend dem Hubvolumen.

An der Kurbelwelle kann nun der effektive Mitteldruck p_e (nach DIN 1940: mittlerer Kolbendruck) abgegriffen werden. Auf dem Weg vom Verbrennungsraum bis zum Abgriff an der Kurbelwelle entstehen noch Reibungsverluste, die mit Hilfe des *mechanischen Wirkungsgrades* η_m erfaßt werden:

$$\eta_m = \frac{p_e}{p_i} \quad . \qquad (31)$$

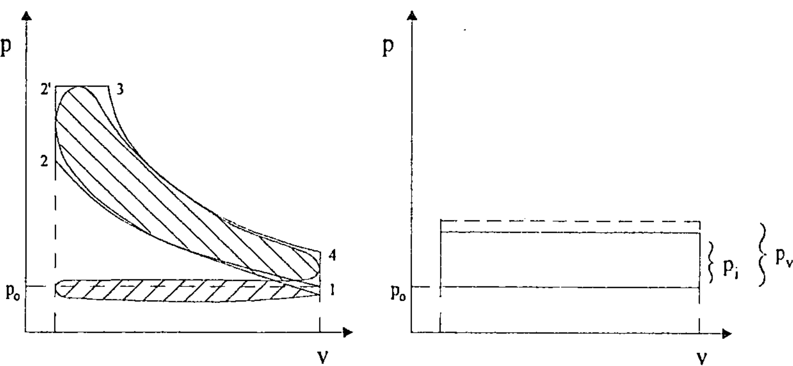

Bild 2.31 Vergleich indizierter Mitteldruck mit dem Mitteldruck des Vergleichsprozesses

Damit läßt sich auch der *effektive Wirkungsgrad (Nutzwirkungsgrad)* η_{eff} definieren:

$$\eta_{eff} = \eta_v \cdot \eta_g \cdot \eta_m = \eta_i \cdot \eta_m \quad . \qquad (32)$$

Der *effektive Mitteldruck (mittlerer Kolbendruck)* ist dann:

$$p_e = H_G \cdot \rho_{FL} \cdot \lambda_L \cdot \eta_v \cdot \eta_g \cdot \eta_m = H_G \cdot \rho_{FL} \cdot \lambda_L \cdot \eta_{eff} \qquad (33)$$

oder

$$p_e = \frac{H_u}{\lambda \cdot L_{min} + 1} \cdot \rho_{FL} \cdot \lambda_L \cdot \eta_{eff} \qquad \text{für den Bereich } \lambda \geq 1$$

bzw.

$$p_e = \frac{\lambda \cdot H_u}{\lambda \cdot L_{min} + 1} \cdot \rho_{FL} \cdot \lambda_L \cdot \eta_{eff} \qquad \text{für den Bereich } \lambda < 1 \; .$$

Tabelle 2.1 Anhaltswerte für den mittleren Kolbendruck und die Wirkungsgrade:

Motorart	p_e	η_{eff}	η_v	η_g	η_m
Ottomotor: Saugmotor: aufgeladen:	 6,5 bis 12 bis 15,5	0,22 bis 0,35	0,4 bis 0,45	0,8 bis 0,9	0,85 bis 0,95
Dieselmotor: Saugmotor: aufgeladen:	 6 bis 10 bis 18	0,28 bis 0,5	0,45 bis 0,55	0,88 bis 0,9	0,8 bis 0,92

2.4.7 Mechanischer Wirkungsgrad

Die mechanischen Verluste des Motors werden mit Hilfe des mechanischen Wirkungsgrades erfaßt:

$$\eta_m = \frac{p_e}{p_i} = \frac{p_i - p_r}{p_i} = \frac{P_e}{P_i} \quad .$$

Dabei ist p_r der Mitteldruck, der den Reibungsverlusten (mechanischen Verlusten) des Motors entspricht. Man bezeichnet p_r als *Reibungsdruck*. Durch Umstellen erhält man für den mechanischen Wirkungsgrad

$$\eta_m = \frac{1}{1 + \dfrac{p_r}{p_e}} \qquad (34)$$

oder

$$\eta_m = 1 - \frac{p_r}{p_i} \quad . \qquad (35)$$

Die mechanischen Verluste des Motors entstehen durch Reibung, Antrieb der für den Motorbetrieb erforderlichen Hilfseinrichtungen und durch Ventilationsverluste.

Die *Reibungsverluste* ergeben sich an allen sich relativ zu einander bewegenden Motorteilen. Dabei stellt die Reibung der Kolben und vor allem der Kolbenringe an den Zylinderwänden den größten Anteil dieser Verluste. Hauptsächlich die Gaskräfte und bei den Kolbenringen zusätzlich deren Vorspannung erzeugen die Anpressung an die Zylinderlaufflächen. Weiterhin entsteht Reibung u.a. auch an den Kolbenbolzen, Kurbelwellen- und Pleuellagern.

Zu den erforderlichen *Antrieben* für die Hilfseinrichtungen zählen die Ventile einschließlich dem gesamten Ventiltrieb (auch die Nockenwelle/n), der Lüfter für die Kühlung, die Wasserpumpe, die Lichtmaschine (einschließlich abgegebener Leistung), die Kraftstoffpumpe, die eventuell vorhandene Einspritzpumpe, gegebenenfalls der Verteilerantrieb und die Schmierölpumpe/n. Mechanisch angetriebene Lader, Spülgebläse (bei Zweitaktmotoren), Anlasser, Luftpresser oder Lenzpumpen werden mit dem Reibungsdruck nicht erfaßt.

Unter den *Ventilationsverlusten* sind die Pumpwirkung der Kolbenunterseite/n im Kurbelgehäuse, die Ventilationsverluste an den Pleueln, der Kurbelwelle, dem Schwungrad und den Riemenscheiben, sowie Verluste durch eventuelles „Ölpantschen" des Kurbeltriebes zu verstehen.

Diese den Reibungsdruck bestimmenden Verluste sind von verschiedenen Einflüssen abhängig. So bewirkt von den konstruktiven Größen vor allem ein großes Verdichtungsverhältnis ε eine Zunahme des Reibungsdruckes und damit eine Verschlechterung des mechanischen Wirkungsgrades. Hier gilt es einen Kompromiß für einem möglichst hohen Wirkungsgrad des Vergleichsprozesses η_v und mechanischen Wirkungsgrad η_m zu finden (vergl. Kapitel 2.2.5).

Betriebstechnisch wirken sich mit der Motorlast (Teil-, Vollast, Leerlauf) die Gaskräfte und mit der Motordrehzahl die Massenkräfte (quadratischer Einfluß; hier sind geringere Massen der beweglichen Teile hilfreich, wie z.B. es beim Langhuber möglich ist) auf den Reibungsdruck aus. D.h. mit zunehmender Motorlast (entsprechend: mit zunehmendem Innendruck p_i bzw. zunehmendem effektivem Mitteldruck p_e) wird der Reibungsdruck vergrößert. Gleiches gilt bei steigender Motordrehzahl. Eine Steigerung der Motorlast entsprechend p_e hat aber in Gleichung (34) einen größeren Einfluß als die damit verbundene Zunahme des Reibungsdruckes.

Im Zusammenhang mit der Motordrehzahl ist die Motorkenngröße der *mittleren Kolbengeschwindigkeit* definiert:

$$v_m = 2 \cdot s \cdot n \tag{36}$$

bzw.

$$v_m = \frac{s \cdot n}{30 \cdot 10^3} \quad \text{in} \quad m/s, \text{ mit } s \text{ in m und } n \text{ in min}^{-1}.$$

Bei kleinen bis mittleren Kolbengeschwindigkeiten ($v_m < 10$ m /s) überwiegt der Einfluß der Gaskräfte, im Bereich hoher Kolbengeschwindigkeiten dann der der Massenkräfte. Dabei wirken im Bereich von OT die Gaskräfte den Massenkräften entgegen, also reibungsmindernd.

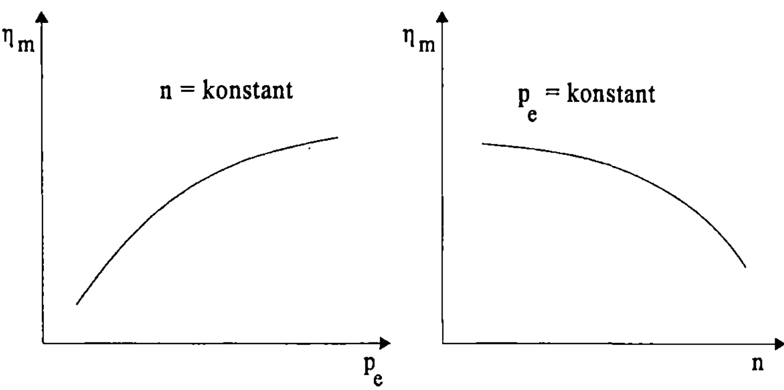

Bild 2.32 Einfluß des mittleren Kolbendrucks und der Drehzahl auf den mechanischen Wirkungsgrad (qualitativ)

In diesem Zusammenhang sind die Versuche mit Kohlenstoffkolben zu erwähnen, die mit ca. einem Drittel geringerem Gewicht gegenüber Leichtmetallkolben zu einer Verbesserung des Wirkungsgrades beitragen.

Der Reibungsdruck wird auch durch die Temperaturen des Schmieröls bestimmt. Sie werden hauptsächlich durch die Drehzahl beeinflußt, dadurch wiederum die Viskosität des Öls.

Die Verluste durch die Zusatzantriebe haben auf den Reibungsdruck mit der Drehzahl ungefähr einen bis quadratischen und die Ventilationsverluste ungefähr einen leicht unterquadratischen Einfluß. Die Motorlast wirkt sich hier nicht aus. Maßnahmen zur Verringerung des Reibungsdrucks werden auch in diesem Bereich ergriffen wie z.B. durch Schlepphebel, die über Rollen die Nockenwelle berühren.

3 Kenngrößen

3.1 Theoretische Zusammenhänge

Die Kenngrößen dienen der Auslegung sowie der Beurteilung und dem Vergleich von Motoren. Sie sind Hilfsmittel sowohl der Konstruktion als auch für den Benutzer.

Arbeit

Die Arbeit als Produkt aus Kraft und Weg setzt sich beim Motor entsprechend aus dem Hub s und dem Produkt aus Druck im Zylinder p_i (indizierter Mitteldruck, Innendruck) und Kolbenfläche A sowie der Zylinderanzahl z zusammen:

$$W_i = p_i \cdot A \cdot s \cdot z \tag{37}$$

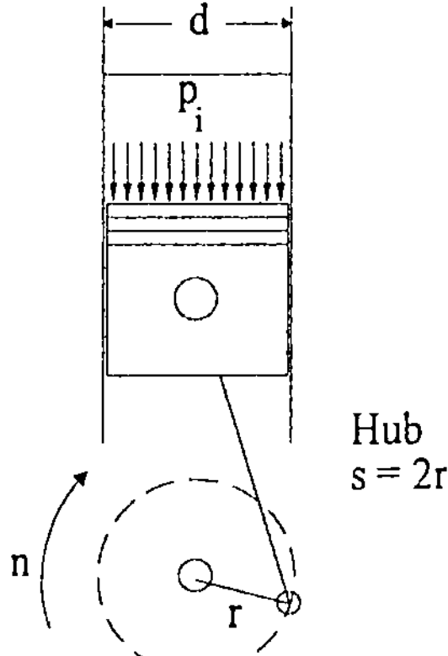

Bild 3.1 Mittlerer Innendruck

Es ist die Innenarbeit W_i, die vom Verbrennungsgas an den Kolbenboden abgegeben wird. Mit der Kolbenfläche

$$A = \frac{\pi \cdot d^2}{4}$$

und der Gleichung (2)

$$V_H = z \cdot \frac{\pi}{4} \cdot d^2 \cdot s$$

erhält man:

$$W_i = p_i \cdot V_H \quad . \tag{38}$$

Leistung

Den Faktor Zeit, der im Zusammenhang mit der Arbeit die Leistung ausmacht, wird mit Hilfe der Motordrehzahl, genauer mit Hilfe der Arbeitsspielzahl n_A berücksichtigt. Die Arbeitsspielzahl ist anzuwenden, da der Verbrennungsmotor die Arbeit abhängig von der Taktzahl jede oder nur jede zweite Umdrehung der Kurbelwelle abgibt.

Mit den Gleichungen (37) und (38) ist die *Innenleistung*

$$P_i = W_i \cdot n_A = p_i \cdot A \cdot s \cdot z \cdot n_A \tag{39}$$

bzw.

$$P_i = p_i \cdot V_H \cdot n_A . \tag{40}$$

Die an der Kurbelwelle abgreifbare Leistung des Motors, die *effektive Leistung* oder *Nutzleistung* P_{eff}, wird mit dem mechanischen Wirkungsgrad η_m aus der Innenleistung abgeleitet:

$$P_{eff} = p_i \cdot V_H \cdot n_A \cdot \eta_m \tag{41}$$

oder

$$P_{eff} = p_e \cdot V_H \cdot n_A \quad . \tag{42}$$

Beim Wankelmotor werden in den Gleichungen (41) und (42) statt der Arbeitsspielzahl die Drehzahl des Exzenters und statt des Hubraumes das Kammervolumen eingesetzt (vergl. Kapitel 1.4.4 und 4.9).

Die Nutzleistung wird auf einem Prüfstand mit einer Leistungsbremse über abgegebenes Motordrehmoment und Motordrehzahl ermittelt. Die maximale, bei Vollast erreichte effektive Leistung des Motors wird *Nennleistung* P_{nenn} genannt. Sie liegt bei der Nenndrehzahl n_{nenn} an.

Es wird auch mit einer weiteren Leistungsangabe gearbeitet, mit der *Hubraum-* oder *Literleistung* P_H :

$$P_H = \frac{P_{eff}}{V_H} = p_e \cdot n_A \quad . \tag{43}$$

Die Literleistung ist ein Maß für die Motorbelastung (je höher ihr Wert, desto größer die Belastung bei kleinem Motor). Sie war z.B. wegen der Hubraumsteuer und ist heute wegen des geringeren Motorgewichtes von Interesse, mit dem Ziel, eine möglichst große Leistung aus einem bestimmten Hubraum zu erhalten.

Für die Vergleichbarkeit der Leistungsangaben verschiedener Motoren werden die Leistungen nach vorgegebenen Normen auf dem Prüfstand ermittelt. Die Normen schreiben unter anderem den Bezugszustand (p_0 bzw. p_1 und T_0 bzw. T_1), den Ausrüstungszustand mit Hilfseinrichtungen wie z.B. Luftfilter, Auspuff, Lichtmaschine usw. sowie Umrechnungsfaktoren vor. Für die Kraftfahrzeugmotoren z.B. gilt in der europäischen Union die Richtlinie 80/1269/EWG (vergl. Kapitel 2.4.2 „Einfluß der klimatischen Verhältnisse").

mittlere Kolbengeschwindigkeit v_m

Im Zusammenhang mit der Hubraumleistung ist die mittlere Kolbengeschwindigkeit v_m (Gleichung (36)) von Bedeutung:

$$v_m = 2 \cdot s \cdot n \quad .$$

Sie ist für die maximal zulässige Drehzahl des Motors, die ja Einfluß auf die Massenkräfte, die Reibungsverluste, die Füllung des Motors (Strömungsverluste), den Verschleiß und natürlich auch auf das Geräusch hat, maßgebend. Ziel der Entwicklung ist immer, eine möglichst hohe mittlere Kolbengeschwindigkeit zu erreichen, ohne daß die gewünschte Lebensdauer des Motors dadurch beschnitten wird.

Erfahrungswerte für die mittlere Kolbengeschwindigkeit bei Nenndrehzahl des Motors sind z.B. bei PKW-Ottomotoren bis ca. 21 m/s, bei Motorrädern auch darüber und bei Fahrzeugdieselmotoren bis ca. 15 m/s.

Drehmoment

An der Kurbelwelle (Kurbelkreis) wirkt entsprechend dem auf den Kolben wirkenden indizierten Mitteldruck p_i die oszillierende Tangentialkraft F_t. Daraus erhält man mit dem Kurbelradius r das Drehmoment (vergl. Bild 3.1)

$$M_d = F_t \cdot r \quad .$$

Mit der Nutzleistung läßt sich nun schreiben

$$P_{eff} = F_t \cdot r \cdot 2 \cdot \pi \cdot n = M_d \cdot 2 \cdot \pi \cdot n \tag{44}$$

und mit Gleichung (42) ergibt sich dann für das Drehmoment

$$M_d = \frac{P_{eff}}{2 \cdot \pi \cdot n} = \frac{p_e \cdot V_H \cdot n_A}{2 \cdot \pi \cdot n} \tag{45}$$

bzw.

$$M_d = \frac{p_e \cdot V_H}{4 \cdot \pi} \quad \text{für den Viertaktmotor} \tag{45a}$$

$$M_d = \frac{p_e \cdot V_H}{2 \cdot \pi} \quad \text{für den Zweitakt- und den Wankelmotor.} \tag{45b}$$

Das Drehmoment des Motors ist also dem mittleren Kolbendruck (Nutzdruck) proportional, und man erkennt, daß es sich mit Hilfe des Hubvolumens steigern läßt.

Das Drehmoment hat einen oszillierenden Verlauf. Er wird aber durch die Überlagerung mehrerer Zylinder und die Schwungmassen (in der Regel Kurbelwellenwangen und Schwungrad) geglättet.

spezifischer Kraftstoffverbrauch

In der Praxis ist statt des Wirkungsgrades im allgemeinen der Kraftstoffverbrauch von Interesse und zwar der spezifische. Er ist nach DIN 1940 definiert als die dem Verbrennungsmotor zugeführte leistungs- und zeitbezogene Kraftstoffmenge:

$$b = \frac{B}{P} \qquad \text{mit dem (stündlichen) Kraftstoffverbrauch B in kg/h}$$
$$\text{bzw. g/h und der Motorleistung P in kW.}$$

Der Kraftstoffverbrauch wird auf dem Motorleistungsprüfstand z.B. mit Hilfe des zeitlich verbrauchten Volumens bestimmt, so daß gilt:

$$b = \frac{V_{Br} \cdot \rho_{Br}}{P \cdot t} \quad .$$

Man kann so den *effektiven spezifischen Kraftstoffverbrauch* definieren:

$$b_e = \frac{B}{P_{eff}} \tag{46}$$

und mit

$$\eta_{eff} = \frac{\text{Nutzarbeit}}{\text{zugeführte Wärmemenge}} = \frac{W_e}{Q_{zu}} = \frac{P_{eff}}{Q_{zu} \cdot t} = \frac{P_{eff}}{H_u \cdot B}$$

$$\eta_{eff} = \frac{1}{H_u \cdot b_e} \tag{47}$$

gilt

$$b_e = \frac{1}{H_u \cdot \eta_{eff}} \quad . \tag{48}$$

Analog wird mit dem *inneren spezifischen Kraftstoffverbrauch*

$$b_i = \frac{B}{P_i} = \frac{1}{H_u \cdot \eta_i} \tag{49}$$

gearbeitet.

Anhalt für Minimalwerte des effektiven spezifischen Kraftstoffverbrauchs sind für Ottomotoren etwa 240 bis 280 g/kWh und für Dieselmotoren etwa 185 bis 230 g/kWh.

3.2 Kennlinien, Kennfelder

Die Kennlinien und Kennfelder sind wichtige Hilfsmittel für Konstrukteure und Benutzer zur Darstellung des Betriebsverhaltens von Motoren. Sie dienen der Leistungsuntersuchung, Auslegung der Grundabmessungen, Beurteilung und Vergleich verschiedener Motoren, Anpassung an den Verwendungszweck (z.B. in einem Kraftfahrzeug bei der Getriebeauswahl) usw.. Die in den Kennlinien und Kennfeldern enthaltenen Kenngrößen werden mit dem Motorleistungsprüfstand ermittelt, wobei Drehmoment M_d, Motordrehzahl n, die Abgastemperatur am Auslaßkrümmer T_A, die Abgasbestandteile und der Brennstoffverbrauch pro Zeit B direkt gemessen werden. Die anderen Kenngrößen werden dann, wie oben aufgezeigt, berechnet:

mit Gleichung (44): $\qquad P_{eff} = 2 \cdot \pi \cdot n \cdot M_d$

mit Gleichung (45): $\qquad p_e = \dfrac{2 \cdot \pi \cdot n \cdot M_d}{V_H \cdot n_A}$

mit Gleichung (46): $\qquad b_e = \dfrac{B}{P_{eff}} \quad .$

Es werden in der Regel die Motorkennlinien in den Abhängigkeiten

$$p_e \, , \, M_d \, , \, P_{eff} \, , \, b_e \, , \, T_A \; = f\,(n) \quad \text{und}$$

$$b_e \, , \; T_A = f\,(p_e) \qquad \qquad \text{erstellt.}$$

Die Kennlinien der Abgasbestandteile zeigen die Abhängigkeit von der Luftverhältniszahl λ wegen der mit ihr zusammenhängenden Regelung und Steuerung.

Die Rußzahl bei den Dieselmotoren wird auch abhängig von der Drehzahl oder Last (p_e) ermittelt.

Das Kennfeld (Bild 3.2) eines Motors wird dann aus den Kennlinien ermittelt. Es ist die Zusammenfassung der Motorkenngrößen. Es zeigt diese als Motordrehmoment oder mittleren Kolbendruck in Abhängigkeit von der Motordrehzahl. Die Vollastlinie für das Drehmoment bzw. den Mitteldruck begrenzt das Kennfeld nach oben. Die anderen Kenngrößen sind im Diagramm als Linien konstanter Leistung, konstanten effektiven spezifischen Kraftstoffverbrauchs und bei Bedarf auch konstanter Abgastemperatur und/oder konstanter Rußzahl enthalten. Wegen ihrer charakteristischen Form heißen die Linien für den spezifischen Kraftstoffverbrauch auch „Muschelkurven", woraus auch vereinfachend der nicht exakte Begriff „Muscheldiagramm" für das Kennfeld abgeleitet wird.

Hin und wieder findet man auch die Kennfelddarstellung Leistung P_{eff} über Motordrehzahl.

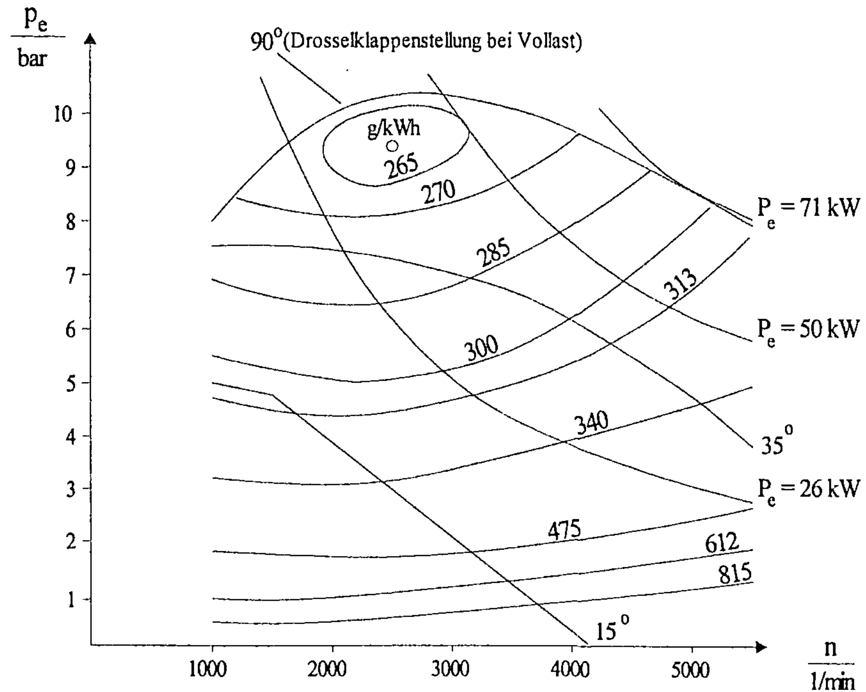

Bild 3.2 Kennfeld eines Ottomotors

3.3 Leistungsgrenzen

Die Probleme der Leistungssteigerung lassen sich mit Hilfe der Gleichungen (42):

$$P_{eff} = p_e \cdot V_H \cdot n_A$$

(43):

$$P_H = p_e \cdot n_A$$

(36):

$$v_m = 2 \cdot s \cdot n \quad ,$$

sowie z.B. für Viertaktmotoren mit den Kombinationen der Gleichungen (42) mit (36):

$$P_{eff} = p_e \cdot V_H \cdot \frac{v_m}{4 \cdot s}$$

und (43) mit (36):

$$P_H = p_e \cdot \frac{v_m}{4 \cdot s} \quad \text{aufzeigen.}$$

Die Möglichkeit der Leistungsverbesserung mittels Steigerung des Hubraumes führt über die Vergrößerung der Bohrung (Durchmesser d) und /oder des Hubes s. Das hat aber größere Massenkräfte mit der Zunahme der Reibungsverluste und der Begrenzung der Kolbengeschwindigkeit zur Folge. Eine gewisse Abhilfe ist hier der Übergang zu mehr Zylindern ($V_H = V_h \cdot z$).

Auch die Verbesserung des Kolbendrucks p_e hat ihre Grenzen, da sie mit Problemen bezüglich der Zylinderfüllung, der Reibungsverluste, des Gütegrades und des Verschleißes durch höhere Drücke verbunden ist. Ein Mittel ist hier die Aufladung, die z.B. eine bessere Zylinderfüllung bewirkt (vergl. Kapitel 4.11).

Die Drehzahlsteigerung, die neben einem günstigeren Kolbendruck auch zu der oben erwähnten gewünschten Verbesserung der Hubraumleistung P_H beitragen kann, führt wegen zunehmender Reibungsverluste, beeinträchtigter Zylinderfüllung und erhöhtem Verschleiß zwangsläufig zur Begrenzung der Kolbengeschwindigkeit. Aus den oben aufgeführten Kombinationen der Gleichungen ist ersichtlich, daß sich die gewünschte Leistungssteigerung bei begrenzter Kolbengeschwindigkeit durch Verringerung des Hubes (sogenannter „Kurzhuber") erzielen läßt. Der Kurzhubmotor ist für hohe Drehzahlen geeignet. Er leidet aber, da er für den Hubraum dann große Zylinderdurchmesser benötigt, an einem flachen, großquerschnittigem Brennraum. Der ist bezüglich der Gemischbildung und Verbrennung problematisch und führt zu einer Verschlechterung des Nutzdruckes p_e und des Abgasverhaltens. Außerdem ergeben sich schwerere Kolben, d.h. wiederum größere Massenkräfte.

Man erkennt, daß die Leistungssteigerung durch die Abstimmung vieler Parameter aufeinander nur mit Kompromissen möglich ist.

3.4 Berechnungsbeispiel

Für einen Saugdieselmotor (Viertakt-) mit einem Hubraum von 1,9 dm³ werden in einem Betriebspunkt die folgenden Daten auf dem Prüfstand ermittelt:

Drehzahl n: 3230   min⁻¹

Drehmoment M_d: 67,1   Nm

stündlicher Kraftstoffverbrauch B: 6,65   kg Brennstoff/h

stündlicher Luftbedarf m_{Lh}:   192   kg Luft/h

weiterhin gelten:

Mindestluftbedarf L_{min}:   14,5   kg Brennstoff/kg Luft

spezifischer Heizwert H_u: 42500 kJ/kg Brennstoff

Dichte der Luft ρ_{FL}:   1,157 kg/m³

Zu berechnen sind:

       a) der Liefergrad λ_L

       b) die Luftverhältniszahl λ

       c) die Motorleistung P_{eff}

       d) der mittlerer Kolbendruck p_e

       e) der spezifische Kraftstoffverbrauch b_e

       f) der effektive Wirkungsgrad η_{eff}

in diesem Betriebspunkt.

Lösungen:

zu a) mit Gleichung (11)

$$\lambda_L = \frac{m_z}{m_{th}} = \frac{m_z}{V_H \cdot \rho_{FL}}$$

mit $\quad m_z = \frac{m_{Lh}}{n_A} = \frac{m_{Lh} \cdot 2}{n}$

$$\lambda_L = \frac{192 \cdot 2}{1,9 \cdot 10^{-3} \cdot 1,157 \cdot 3230 \cdot 60}$$

$$\underline{\lambda_L = 0,9}$$

zu b) mit Gleichung (24)

$$\lambda = \frac{L_{erf}}{L_{min}}$$

mit $\quad L_{erf} = \frac{m_{Lh}}{B}$

und mit Gleichung (46) $B = b_e \cdot P_{eff}$

$$\lambda = \frac{192}{0,293 \cdot 22,7 \cdot 14,5}$$

$$\underline{\lambda = 1,99}$$

zu c) mit Gleichung (44)

$$P_{eff} = M_d \cdot 2 \cdot \pi \cdot n$$

$$P_{eff} = \frac{67,1 \cdot 2 \cdot \pi \cdot 3230}{60 \cdot 10^3}$$

$$P_{eff} = 22,7 \text{ kW}$$

zu d) mit Gleichung (42)

$$p_e = \frac{P_{eff}}{V_H \cdot n_A}$$

$$p_e = \frac{22,7 \cdot 600 \cdot 2}{1,9 \cdot 3230}$$

$$p_e = 4,44 \text{ bar}$$

oder mit Gleichung (45a):

$$p_e = \frac{M_d \cdot 4 \cdot \pi}{V_H}$$

zu e) mit Gleichung (46)

$$b_e = \frac{B}{P_{eff}}$$

$$b_e = \frac{6,65}{22,7}$$

$$b_e = 0,293 \text{ kg} / \text{kWh}$$

zu f) mit Gleichung (47)

$$\eta_{eff} = \frac{1}{b_e \cdot H_u}$$

$$\eta_{eff} = \frac{3600}{0,293 \cdot 42500}$$

$$\eta_{eff} = 0,289$$

4 Betriebsverhalten von Motoren

Das Betriebsverhalten der Motoren ist von ihrem Konzept für bestimmte Einsatzzwecke abhängig. Es wird durch die Kenngrößen Drehmoment bzw. mittlerer Kolbendruck und Drehzahl beschrieben. So kann man feststellen, daß

- stationäre Motoren die Forderungen nach nahezu konstanter Drehzahl und variablem Drehmoment,
- Motoren für Landfahrzeuge die Forderungen nach variablem Drehzahlbereich und variablem Drehmoment,
- Motoren für Schiffe die Forderungen nach einem engen, variablen Drehzahlbereich und variablem Drehmoment,
- Flugzeugmotoren die gleichen Forderungen wie Schiffsmotoren allerdings im höheren Drehzahlbereich erfüllen müssen.

4.1 Kriterien für Beurteilung und Vergleich von Motoren
(qualtitativ)

Das Betriebsverhalten und Änderungen am Motor, die dieses beeinflussen, lassen sich an den grundsätzlichen Kenngrößen des Motors Drehzahl und mittlerem Kolbendruck aufzeigen. Als Beurteilungskriterien dienen gemäß Gleichung (33) die Einzelwirkungsgrade (mit Gleichung (32)) und der Liefergrad:

$$p_e = H_G \cdot \rho_{FL} \cdot \lambda_L \cdot \eta_{eff} \qquad (33)$$

und

$$\eta_{eff} = \eta_v \cdot \eta_g \cdot \eta_m \quad \cdot \qquad (32)$$

Der spezifische Heizwert H_u im Gemischheizwert H_G bleibt wegen der Verwendung der herkömmlichen Brennstoffe für die Diesel- und Ottomotoren unverändert. Gleiches gilt für die Dichte ρ_{FL} der Frischladung, die durch den Bezugszustand nach der Norm festgestellt wird.

Man kann die qualitative Beurteilung für einzelne Parameter sowie für die einzelnen Wirkungsgrade und den Liefergrad durchführen. Bei entsprechender Erfahrung ist deren Verknüpfung und damit eine Gesamtaussage z.B. über die Wirkung einer Veränderung am Motor möglich. Auf diese Weise lassen sich prinzipiell die Auswirkungen jeder motorischen Änderung und Maßnahme zur Verbesserung des Betriebsverhaltens, deren Funktionsweise bekannt ist, erklären.

In den folgenden Abschnitten soll das Betriebsverhalten, auch an Hand von Änderungen, entsprechend untersucht werden. Dazu werden noch einmal die Abhängigkeiten für die Wirkungsgrade und den Liefergrad aufgezeigt (vergleiche auch Anhang 1).

Die Einzelwirkungsgrade sind dabei zusammengefaßt im wesentlichen abhängig:
-    η_v (vergleiche Kapitel 2.3):
     - vom Verdichtungsverhältnis ε,
     - von der Luftverhältniszahl λ;

-    η_g (vergleiche Kapitel 2.4.1):
     - von der Gemischbildung und Verbrennung (z.B. Verbrennungsgeschwindigkeit abhängig von der Luftverhältniszahl λ),
     - vom Ladungswechsel,
     - von der Kühlung;

-    η_m (vergleiche Kapitel 2.4.7):
     - vom Reibungsdruck,
     - vom mittleren Kolbendruck p_e bzw. indizierten Mitteldruck p_i erfaßt durch die Gleichungen (34) und (35), hier Gleichung mit (35):

$$\eta_m = 1 - \frac{p_r}{p_i} \quad .$$

Der Liefergrad ist dabei zusammengefaßt im wesentlichen abhängig:
-    λ_L (vergleiche Kapitel 2.4.2):
     - vom Verdichtungsverhältnis ε (Mehrmengenfaktor),
     - von der Restgasausspülung,
     - von der Motorwärme,
     - von den Strömungswiderständen,
     - von den klimatischen Verhältnissen (Ansaugzustand), dabei verringern eine schlechte Restgasausspülung, die Motorwärme und ein geringerer Ansaugdruck, eine höhere Ansaugtemperatur die Frischladungsmasse m_z im Zylinder.

Für die Beurteilung speziell der Wirtschaftlichkeit eines Motors wird der effektive spezifische Kraftstoffverbrauch b_e herangezogen, der aus den Einzelwirkungsgraden mit Gleichung (32) und Gleichung (48) entsprechend der folgenden Beziehung untersucht wird:

$$b_e \sim 1/\eta_{eff} \; . \tag{50}$$

Die elektronische Regelung (Motormanagement) bietet grundsätzlich die Möglichkeiten, Wirkungsgrad und Kraftstoffverbrauch zu optimieren.

4.2 Vergleich der Regelungsarten

Ottomotoren arbeiten mit der Füllungs-, Quantitäts- oder Mengenregelung und Dieselmotoren mit der Gemisch-, Qualitäts- oder Güteregelung (vergleiche Kapitel 1.5 und 2.3.4).

Eine Gegenüberstellung der beiden Regelungsarten:

Füllungsregelung	*Gemischregelung*
Regelung mittels Drosselklappe	Regelung mittels Kraftstoffeinspritzung
Vergaser:	- die Luft wird bei den meisten Diesel-
die Gemischmenge wird durch die	motoren ungedrosselt (unabhängig
Stellung der Drosselklappe geregelt,	von der Belastung) angesaugt
so daß die Luftverhältniszahl sich nur	
in ganz engen Grenzen verändert ($\lambda \approx$	- die Kraftstoffmenge wird durch Ver-
konstant)	stellen der Regelstange der Einspritz-
	pumpe oder einem elektromagneti-
Benzineinspritzung:	schen Bauelement mit der gleichen
mit der Drosselklappe wird die Luft-	Funktion (Drehmagnetstellwerk,
zufuhr gesteuert und mittels Luftmen-	Hochdruckmagnetventile) beeinflußt,
gen- oder Luftmassenmesser oder	so daß entsprechend der gewünschten
Lambdasonde die Kraftstoffmenge	Motorlast $\lambda \neq$ konstant gilt.
dazu geregelt, so daß ebenfalls gilt $\lambda \approx$	
konstant.	

Die Luftverhältniszahl λ liegt im betriebswarmen Motorbetrieb bei Ottomotoren im Bereich etwa von etwa 0,8 bis 1,1 , bei Ottomotoren mit geregeltem Dreiwegekatalysator ist $\lambda = 1$. Dieselmotore müssen abhängig vom Gemischbildungsverfahren (Einspritzungsart) mit Luftverhältniszahlen oberhalb von 1,1 betrieben werden. Die Moleküle des Dieselkraftstoffs zerbrechen (cracken) bei zunehmendem Luftmangel und Verbrennungstemperaturen unter Abscheidung von Wasserstoff. Das führt zur Polymerisation von kohlenstoffreichen Molekülen. Diese sind Rußbildner, da ihre Verbrennungsgeschwindigkeit zu gering ist, um noch im Zylinder verbrennen zu können. Dieselmotoren haben wegen der für die Gemischbildung weniger zur Verfügung stehenden Zeit ein inhomogeneres Gemisch als Ottomotoren.

Die Regelgrößen für die beiden Verbrennungsverfahren sind demnach λ_L für die Füllungsregelung und λ für die Gemischregelung.

4.2.1 Qualitative Bewertung der Füllungsregelung

Die Bewertung soll an Hand der Laständerung von Vollast nach Teillast aufgezeigt werden. Das bedeutet, daß der von der Drosselklappe freigegebene Querschnitt verringert wird. Daraus ergeben sich die (wichtigsten) Einflüsse auf den:

- Liefergrad λ_L :
  der Liefergrad wird durch die nun größeren Strömungswiderstände im Ansaugtrakt kleiner;
- Wirkungsgrad des Vergleichsprozesses (vollkommenen Motors) η_v :
  der Wirkungsgrad ändert sich nur sehr geringfügig, da die Luftverhältniszahl λ nahezu konstant bleibt;
- Gütegrad η_g :
  der Gütegrad wird kleiner, da durch die sich schließende Drosselklappe die Ladungswechselarbeit (linksumlaufender Prozeß) vergrößert wird;
- mechanischen Wirkungsgrad η_m :
  der mechanische Wirkungsgrad wird ebenfalls geringer, da mit schließender Drosselklappe die Last des Motors abnimmt (Übergang von Voll- nach Teillast), was gleichbedeutend mit einer Verringerung des Mitteldrucks p_i ist; z.B. mit Gleichung (35)

$$\eta_m = 1 - \frac{p_r}{p_i} \quad ;$$

der Reibungsdruck ändert sich mit den Gaskräften nur geringfügig gegenüber dem Mitteldruck.

Der mittlere Kolbendruck p_e wird kleiner. Dabei bleibt der Gemischheizwert H_G mit der Angabe, daß die Luftverhältniszahl λ sich so gut wie nicht ändert, annähernd gleich. Dieser Sachverhalt soll mit den Gleichungen (32) und (33) nochmals verdeutlicht und dabei Vergrößerungen und Verringerungen durch Pfeile $\uparrow$ bzw. $\downarrow$ dargestellt werden:

$$p_e = H_G \cdot \rho_{FL} \cdot \underbrace{\lambda_L \downarrow}_{\text{Regeleinfluß}} \cdot \underbrace{\eta_v \cdot \eta_g \downarrow \cdot \eta_m \downarrow}_{\text{Wirkungsgradänderung}} \quad .$$

4.2.2 Qualitative Bewertung der Gemischregelung

Die Bewertung soll auch hier mit Hilfe des Lastwechsels von Vollast nach Teillast aufgezeigt werden, wozu die Kraftstoffzufuhr (bei mechanischen Einspritzpumpen durch Zurücknahme des Regelstangenweges) verringert wird. Daraus ergeben sich die (wichtigsten) Einflüsse auf den:
- Gemischheizwert H_G :
  der Gemischheizwert wird kleiner, da bei gleichbleibender angesaugter Luftmenge und verringerter Kraftstoffzufuhr die Luftverhältniszahl λ größer wird, mit Gleichung (26a)

$$H_G = \frac{H_u}{\lambda \cdot L_{min} + 1} \quad ;$$

- Liefergrad λ_L :
  der Liefergrad bleibt unbeeinflußt, da für die Laständerung die Strömungsverhältnisse der Frischladung (-luft) nicht geändert werden;
- Wirkungsgrad des Vergleichsprozesses (vollkommenen Motors) η_v :
  der Wirkungsgrad wird zunächst mit der steigenden Luftverhältniszahl λ
  besser, da der Anteil der dreiatomigen Gase abnimmt, was ein Ansteigen des
  Isentropenexponenten κ zur Folge hat (vergleiche Kapitel 2.3.1); der Wirkungsgrad erfährt aber durch die geringere Wärmezufuhr Q_{zu} eine Abschwä-
  chung, die sich allerdings weniger stark auswirkt;
- Gütegrad η_g :
  der Gütegrad sinkt geringfügig, da mit zunehmender Luftverhältniszahl der
  Abstand der Kraftstoffmoleküle im Verbrennungsraum größer wird, wodurch
  die Verbrennungsgeschwindigkeit abnimmt, die Verbrennung verschleppt
  wird (der Gleichdruckanteil im Seiligerprozeß wird zu Lasten des
  Gleichraumanteils größer wird);
- mechanische Wirkungsgrad η_m :
  der mechanische Wirkungsgrad nimmt aus den gleichen Gründen wie beim
  Ottomotor ab.

Die Auswirkungen auf den mittleren Kolbendruck:

$$p_e = \underbrace{\frac{H_u}{\lambda \uparrow \cdot L_{min} + 1}}_{\text{Regeleinfluß}} \cdot \rho_{FL} \cdot \underbrace{\lambda_L \cdot \eta_v \uparrow \cdot \eta_g \downarrow \cdot \eta_m \downarrow}_{\text{Wirkungsgradänderungen}} \ .$$

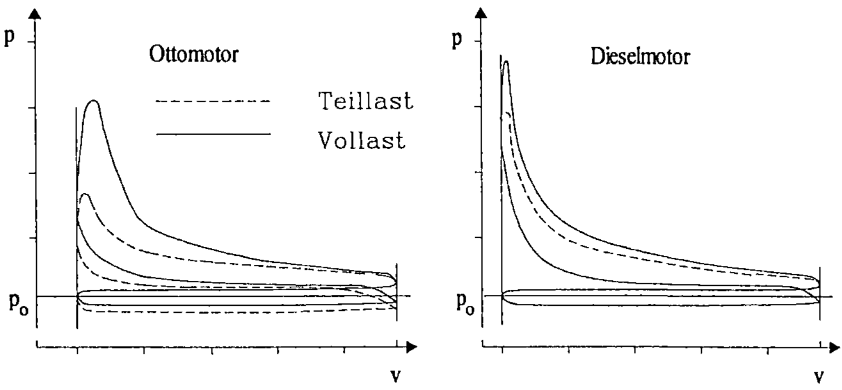

Bild 4.1 Vergleich von Otto- und Dieselmotor im p-v-Diagramm (ohne Aufladung;
qualitativ, Ladungswechselschleife nicht im Maßstab)

Man erkennt, daß die Gemischregelung der Füllungsregelung bezüglich des effektiven Wirkungsgrades η_{eff} überlegen ist (vergleiche Kapitel 2.3.4). Das Niveau des mittleren Kolbendrucks p_e liegt aber wegen der großen Auswirkung der Luftverhältniszahl λ im Gemischheizwert H_G bei Saugmotoren (nichtaufgeladene Motoren) mit Gemischregelung niedriger als bei solchen mit Füllungsregelung.

4.3 Verlauf des spezifischen Kraftstoffverbrauchs

Es sollen die Abhängigkeiten des spezifischen Kraftstoffverbrauchs
- $b_e = f(p_e)$ bei konstanter Motordrehzahl und
- $b_e = f(n)$ bei konstanter Motorlast untersucht werden.

Dazu werden die Gleichungen (50) und (32) herangezogen.

4.3.1 Abhängigkeit des spezifischen Kraftstoffverbrauchs vom mittleren Kolbendruck

Die Abhängigkeit ist in Bild 4.2 für den Otto- und Dieselmotor qualitativ jeweils für eine konstante Drehzahl dargestellt. Die Untersuchung soll in zwei Abschnitten ablaufen, im unteren und dann im oberen Lastbereich. Grundsätzlich gilt zunächst einmal:

$$\eta_{effOtto} < \eta_{effDiesel} \quad \text{und damit} \quad b_{eOtto} > b_{eDiesel} \, .$$

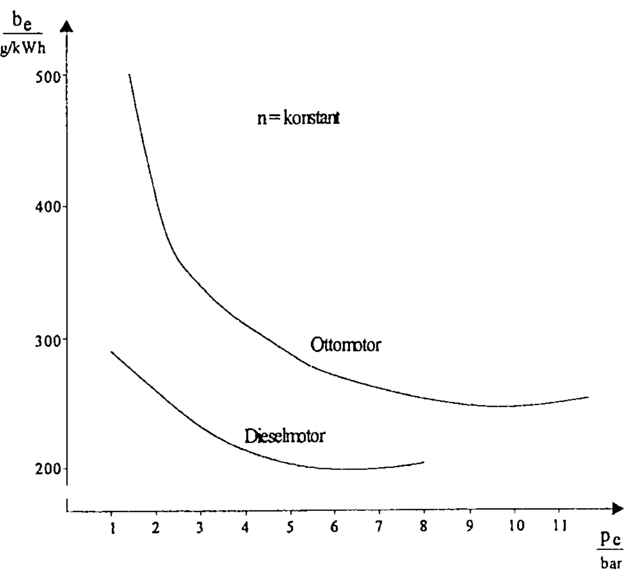

Bild 4.2 Spezifischer Kraftstoffverbrauch in Abhängigkeit vom mittleren Kolbendruck

Das ist so, da das Niveau des Verdichtungsverhältnisses des Ottomotors niedriger ist als das des Dieselmotors. Außerdem liegt beim Ottomotor auch die Luftverhältniszahl unter der des Dieselmotors. Damit ist der Wirkungsgrad des vollkommenen Motors η_v für den Dieselmotor günstiger.

Die größeren Durchblaseverluste des Dieselmotors schwächen des Gütegrad η_g gegenüber dem Ottomotor nur unwesentlich.

Verhalten des spezifischen Kraftstoffverbrauchs für kleine Mitteldrücke p_e (links vom Minimum, entsprechend der Teillastregelung zu niedrigeren Motorlasten):

Füllungsregelung (Ottomotor)	*Gemischregelung* (Dieselmotor)
Wirkungsgrad des vollkommenen Motors η_v :	
$\eta_v \approx$ konstant, da auch die Luftverhältniszahl $\lambda \approx$ konstant (ändert sich kaum);	η_v steigt, da auch die Luftverhältniszahl λ zunimmt;
Gütegrad η_g : η_g nimmt ab, da - die Ladungswechselarbeit zunimmt (die Drosselklappe wird weiter geschlossen) - damit auch eine schlechtere Gemischbildung und verschleppte Verbrennung u.U. verbunden ist - die Kühlverluste im Verhältnis zunehmen (wenn der Kühlmittelumlauf mit der Motordrehzahl unverändert bleibt);	η_g zeigt eine geringe abnehmende Tendenz, da - die Kühlverluste im Verhältnis zu nehmen (vergleiche Ottomotor) - der Zündverzug[1] (wegen des geringer werdenden Druck- und Temperaturniveaus im Zylinder) etwas zunimmt und die Verbrennung verschleppt wird;
mechanischer Wirkungsgrad η_m : η_m wird kleiner, da die Motorlast, entsprechend der mittlere Innendruck p_i, abnimmt; der Reibungsdruck bleibt $p_r \approx$ konstant, da er sich mit der Last (Gaskräfte) nur wenig verringert;	η_m wird wie beim Ottomotor kleiner;
effektiver Wirkungsgrad η_{eff} und spezifischer Kraftstoffverbrauch b_e : η_{eff} wird kleiner (stärker als beim Dies-	η_{eff} wird kleiner und damit b_e größer;

---

[1] Zeitraum zwischen Einspritzbeginn und erstem meßbarem Verbrennungsdruckanstieg; nimmt mit Druck und Temperatur ab; beim Ottomotor beginnt der Zündverzug mit dem Überspringen des Zündfunkens;

selmotor) und zwar vor allem wegen der Ladungswechselarbeit und damit b_e größer.

der Dieselmotor zeigt ein besseres Verhalten (besseren Verlauf) als der Ottomotor.

Verhalten des spezifischen Kraftstoffverbrauchs für große Mitteldrücke p_e (rechts vom Minimum, entsprechend der Regelung zu höheren Motorlasten bis Motorvollast):

Füllungsregelung:

Gemischregelung:

Wirkungsgrad des vollkommenen Motors η_v :

$\eta_v \approx$ konstant, Begründung: wie oben angeführt;

η_v wird geringer, da die Luftverhältniszahl λ durch vermehrte Kraftstoffeinspritzung (Lastzunahme) kleiner wird;

Gütegrad η_g :

η_g wird größer, da die Ladungswechselarbeit durch weiteres Öffnen der Drosselklappe abnimmt;
η_g wird kleiner, da
- die Wärmeverluste durch das größer werdende Wärmegefälle im Zylinder zur Zylinderwandung anwachsen
- die Durchblaseverluste etwas zunehmen
- die Gemischbildung und Verbrennung sich je nach konstruktiver Auslegung des Einlasses und Verbrennungsraumes geringfügig verschlechtern können;

η_g wird kleiner, da
- die Wärmeverluste anwachsen (wie beim Ottomotor)
- die Durchblaseverluste zunehmen
- der Zündverzug durch steigenden Druck und Temperatur zwar kürzer wird, aber mit steigender Last (entsprechend Luftmangel) die Rußbildung (Cracken) zunimmt;

mechanischer Wirkungsgrad η_m :

η_m wird etwas besser, da der Mitteldruck p_i steigt; der Reibungsdruck p_r steigt lastabhängig nur geringfügig;

η_m wird etwas besser (wie beim Ottomotor);

effektiver Wirkungsgrad η_{eff} und spezifischer Kraftstoffverbrauch b_e :

Der Bestwert für den Kraftstoffverbrauch b_e liegt im oberen Teillastbereich (allgemein: etwa bei 70 bis 85 % von Vollast)

η_{eff} wird geringfügig schlechter und damit der spezifische Kraftstoffverbrauch entsprechend größer; der positive Einfluß der geringeren Ladungswechselarbeit macht sich bemerkbar.

η_{eff} nimmt ab und der spezifische Kraftstoffverbrauch zu, wobei der Anstieg stärker als beim Ottomotor verläuft.

4.3.2 Abhängigkeit des spezifischen Kraftstoffverbrauchs von der Motordrehzahl

Verhalten des spezifischen Kraftstoffverbrauchs im oberen Drehzahlbereich:
Für die Betrachtung dieses Bereiches soll von einer Steigerung der Motordrehzahl ausgegangen werden, und zwar im Drehzahlbereich oberhalb des Optimums des spezifischen Kraftstoffverbrauchs.

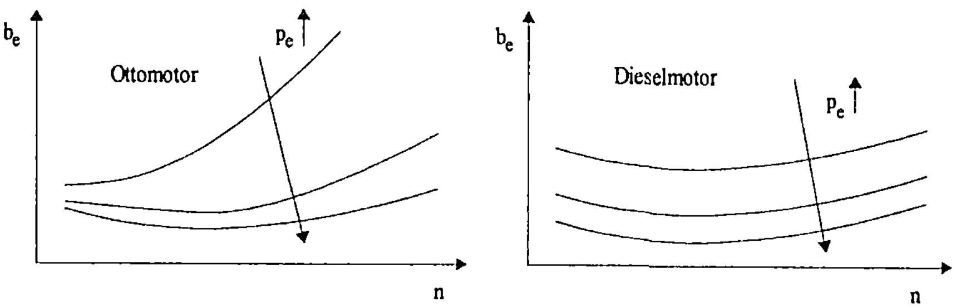

Bild 4.3 Spezifischer Kraftstoffverbrauch abhängig von der Motordrehzahl (für verschiedene konstante Mitteldrücke)

Füllungsregelung:	*Gemischregelung:*
Wirkungsgrad des vollkommenen Motors η_v :	
$\eta_v \approx$ konstant; es kann davon ausgegangen werden, daß sich die Luftverhältniszahl λ so gut wie nicht ändert;	$\eta_v \approx$ konstant (wie beim Ottomotor);
Gütegrad η_g : η_g wird schlechter, da - die Ladungswechselarbeit wegen der zunehmenden Strömungsgeschwindigkeit im Ansaugtrakt größer wird; dies gilt besonders bei den kleineren Drosselklappenöffnungen, bei denen dadurch auch nicht mehr der gesamte Drehzahlbereich erfaßt werden kann; bei geschlossener Drosselklappe ist dadurch nur noch eine Drehzahl, die Leerlaufdrehzahl möglich;	η_g wird schlechter, da - die Ladungswechselarbeit wie beim Ottomotor zunimmt, dabei in weit geringerem Maße, da keine Drosselklappe vorhanden und das Drehzahlniveau geringer ist; - wegen der endlichen Verbrennungsgeschwindigkeit und des gegenüber dem Ottomotor großen Zündverzugs die Verbrennung vor allem bei hohen Drehzahlen immer mehr in den Expansionshub hineinläuft (der Gleich-

- die Gemischbildung (Verwirbelung) schlechter wird;
- wegen der endlichen Verbrennungsgeschwindigkeit vor allem bei hohen Drehzahlen die Verbrennung immer mehr in den Expansionshub hineinläuft (der Gleichdruckanteil wird vergrößert);
- die Wärmeverluste geringfügig steigen (wegen der höheren Wärmeabfuhr durch das Kühlmittel mit der Drehzahl; allerdings verbleibt für die Wärmeabfuhr mit höherer Drehzahl auch weniger Zeit);

- druckanteil wird vergrößert;
- die Wärmeverluste ähnlich wie beim Ottomotor zunehmen;

mechanischer Wirkungsgrad η_m :

η_m nimmt ab, da der Reibungsdruck mit der Drehzahl durch die Massenkräfte etwa quadratisch und durch die Antriebsverluste etwas unterquadratisch zunimmt;

η_m nimmt ab (wie beim Ottomotor);

effektiver Wirkungsgrad η_{eff} und spezifischer Kraftstoffverbrauch b_e :

η_{eff} nimmt ab, besonders mit kleiner werdender Drosselklappenöffnung und damit b_e zu.

η_{eff} nimmt ab und damit b_e zu; insgesamt sind die Verluste gegenüber dem Ottomotor geringer; der Verlauf $b_e = f(n)$ ähnelt dem des Ottomotors bei offener Drosselklappe (90°).

Verhalten des spezifischen Kraftstoffverbrauchs im unteren Drehzahlbereich :
Für die Betrachtung dieses Bereiches soll von einer Verringerung der Motordrehzahl bis zur Leerlaufdrehzahl (der kleinsten, möglichen Drehzahl) ausgegangen werden.

Den größten und damit bestimmenden Einfluß hat hier der Gütegrad.

Füllungsregelung:

Gütegrad η_g :
η_g nimmt ab, da wegen der geringen Strömungsdynamik die Gemischbildung verschlechtert wird (schlechtere Zerstäubung des Kraftstoffs bis zum

Gemischregelung:

η_g nimmt geringfügig ab;
die Strömungsdynamik spielt hier nicht eine so große Rolle, da die Gemischbildung vor allem durch die Kraftstoffein-

Kraftstoffausfall; die Benzineinspritzung hat hier Vorteile gegenüber den
Vergasern); bei den kleinen Drossel-
klappenöffnungen wirkt sich dieser
Einfluß auf die Verwirbelung des Gemisches geringer bis gar nicht aus.

spritzung bewirkt wird.

Die Aussagen für den Wirkungsgrad des vollkommenen Motors η_v, die für den oberen Drehzahlbereich getroffen wurden, gelten prinzipiell auch hier. Die Verbesserung des mechanischen Wirkungsgrades η_m durch die Verringerung des Reibungsdruckes mit abnehmender Motordrehzahl kann die Verluste im Bereich des Gütegrades nicht ausgleichen.

4.4 Verlauf des Motordrehmomentes

Es sollen die Motorkennlinien - Drehmoment in Abhängigkeit von der Drehzahl - für Otto- und Dieselmotor untersucht werden, wobei der Einfluß der Motorlast als Linien konstanter, verschiedener Lasteinstellungen ebenfalls mit aufgeführt ist (vergl. Bild 4.4).

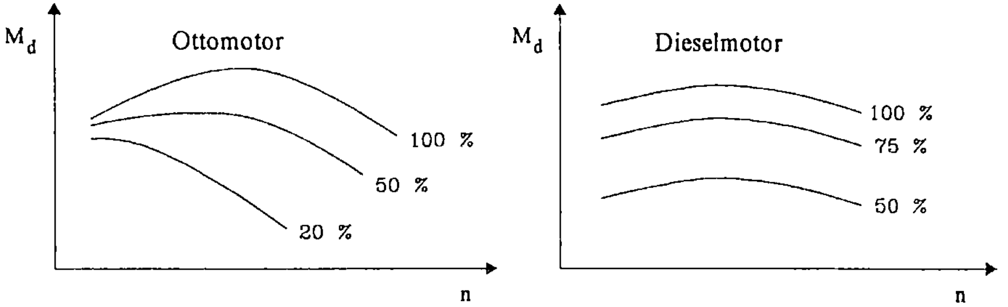

Bild 4.4 Motordrehmoment abhängig von der Drehzahl, qualitativer Verlauf bei verschiedenen Laststellungen (Drosselklappen- bzw. Regelstangenstellungen)

Das Drehmoment des Motors ist dem mittleren Kolbendruck proportional ($M_d \sim p_e$, vergl. Gleichung (45)). Damit wird die Beurteilung mit Hilfe der Gleichungen (32) und (33) durchgeführt

$$p_e = \frac{H_u}{\lambda \cdot L_{min} + 1} \cdot \rho_{FL} \cdot \lambda_L \cdot \eta_{eff} \quad .$$

Die Aussagen, die im vorherigen Kapitel bezüglich des effektiven Wirkungsgrades η_{eff} für die Abhängigkeit des spezifischen Kraftstoffverbrauchs von der Motordrehzahl und von der Motorlast (vom mittleren Kolbendruck) gemacht wurden, können auch hier übernommen werden, d.h. in kurzer Zusammenfassung:

den größten Einfluß hat hier das Verhalten des Gütegrades (beim Ottomotor vor allem durch die Ladungswechselarbeit und Gemischbildung und Verbrennung, beim Dieselmotor durch Gemischbildung und Verbrennung);

- für den oberen Drehzahlbereich: der effektive Wirkungsgrad wird mit zunehmender Drehzahl kleiner;

- für den unteren Drehzahlbereich: der effektive Wirkungsgrad nimmt mit sinkender Drehzahl ab, wobei die Verluste beim Otto- geringer als beim Dieselmotor sind;

- im oberen Lastbereich: der effektive Wirkungsgrad wird schlechter; beim Dieselmotor ist der Grad der Verschlechterung etwas größer;

- im unteren Lastbereich: der effektive Wirkungsgrad nimmt ab, beim Ottomotor stärker als beim Dieselmotor.

Der Gemischheizwert ändert sich beim Otto- gegenüber dem Dieselmotor nur geringfügig. Die Luftverhältniszahl λ variiert nur in ganz engen Grenzen (im Teillastbereich ist $\lambda \approx 1{,}05$ bis $1{,}1$ und im Vollastbereich $\lambda \approx 0{,}85$ bis $0{,}9$) bzw. nicht bei Motoren mit geregeltem Dreiwegekatalysator, da hier $\lambda = 1$ ist.

Den größten Einfluß auf den Verlauf des Drehmomentes hat aber der Liefergrad λ_L :

Füllungsregelung: | *Gemischregelung:*

Die Betrachtung erfolgt zunächst für den Lastzustand 100 %, d.h. bei vollständig geöffneter Drosselklappe bzw. maximaler Kraftstoffzumessung und im unteren Drehzahlbereich unterhalb des Bestwertes des Liefergrades.

λ_L ist kleiner, da die kinetische Energie der Strömung im Einlaßsystem niedrig ist, so daß die Restgasausspülung gering ist und der dynamische Aufladeeffekt fehlt;	es gelten prinzipiell die gleichen Aussagen wie bei der Füllungsregelung; allerdings sind die Auswirkungen etwas geringer, da der Dieselmotor ein kleineres Kompressionsvolumen (Mehrmengenfaktor) hat und damit einen günstigen Einfluß auf den Liefergrad (es ist weniger Restgas auszuspülen; vergl. Kapitel 2.4.2);

Im oberen Drehzahlbereich:

λ_L nimmt wieder ab, da die Strömungsverluste mit dem Quadrat der Geschwindigkeit zunehmen;	es gelten die gleichen Aussagen wie bei der Füllungsregelung, allerdings wirkt sich das niedrigere Drehzahlniveau positiv auf den Liefergrad auswirkt;

Weiterhin muß noch der Einfluß der Last untersucht werden. Hier soll dazu von der Annahme ausgegangen werden, daß die Last verringert wird.

λ_L nimmt stark ab, da der Formwiderstand der Drosselklappe (bei kleineren Drosselklappenöffnungen) die dynamischen Ladungswechselvorgänge überwiegt; dieser Einfluß ist so groß, daß mit kleiner werdender Drosselklappenöffnung das mögliche Drehzahlband des Ottomotors nicht mehr vollständig abgedeckt werden kann.	λ_L wird wegen der fehlenden Drosselklappe (freisaugender Dieselmotor) gegenüber Vollast nicht verändert.

Damit können die Aussagen für den Drehmomentverlauf abhängig von der Drehzahl mit Hilfe der Gleichungen (33) und (45) gemacht werden:

$$M_d = H_G \cdot \rho_{FL} \cdot \lambda_L \cdot \eta_{eff} \cdot \frac{V_H \cdot n_A}{2 \cdot \pi \cdot n} \quad .$$

Füllungsregelung:
Der Drehmomentverlauf hat vom maximalen Drehmoment des Motors hin zu niedrigeren und höheren Drehzahlen eine abfallende Tendenz, weil das Produkt aus Liefergrad und effektivem Wirkungsgrad $\lambda_L \cdot \eta_{eff}$ dieses bewirkt. Haupteinflußgrößen sind hier der Liefergrad λ_L und der im effektiven Wirkungsgrad enthaltene Gütegrad η_g (Gemischbildung und Verbrennung). Die Tatsache, daß die Drehmomentkurven im Teillastbereich nicht mehr bis zur maximal zulässigen Drehzahl reichen, ist besonders auf den erheblichen Einfluß des Liefergrades (Drosselklappenöffnung) zurückzuführen.

Gemischregelung:
Der Drehmomentverlauf entspricht prinzipiell dem Verlauf der Füllungsregelung bei Vollast. Dabei ist der Verlauf aber etwas flacher, da das im allgemeinen geringere Drehzahlniveau des Dieselmotors sowohl auf den Liefergrad als auch auf den Gütegrad und den mechanischen Wirkungsgrad positiv wirkt. Des weiteren ist durch den kleineren Kompressionsraum V_c das Problem der Restgasausspülung mit negativem Einfluß auf den Liefergrad und den Gütegrad geringer.

Der Liefergrad ist beim freisaugenden Dieselmotor von weit geringerer Bedeutung als beim Ottomotor. So erklärt sich auch, daß die Drehmomentkurven im Teillastbereich annähernd kongruent zu der Vollastkurve verlaufen und das gesamte mögliche Drehzahlband abdecken. Die Änderung der Luftverhältniszahl durch die Anpassung der Kraftstoffzufuhr an den gewünschten Lastzustand ist hier entscheidend.

Die beim Dieselmotorbetrieb höhere Luftverhältniszahl bewirkt einen Verschlechterung des Gemischheizwertes, wie mit Gleichung (26a) gezeigt werden kann:

$$H_G = \frac{H_u}{\lambda \cdot L_{min} + 1} \quad .$$

Seine Auswirkung ist insofern von Bedeutung, als dadurch das Drehmomentniveau insgesamt unter dem des Ottomotors liegt.

4.5 Verlauf der Nutzleistung

Der Verlauf der Motorleistung in Abhängigkeit von der Motordrehzahl läßt sich mit Hilfe der umgeformten Gleichung (45) verdeutlichen:

$$P_{eff} = M_d \cdot 2 \cdot \pi \cdot n \quad .$$

Zunächst kann generell festgestellt werden, daß der Drehmomentverlauf, wie in Kapitel 4.4 dargestellt wurde, den gekrümmten Verlauf der Leistungskurve bestimmt. D.h. es machen sich vor allem der Einfluß des Liefergrades λ_L und des Gütegrades η_g drehzahlabhängig bemerkbar. Dabei wirkt sich mit steigender Drehzahl auch noch die damit verbundene Abnahme des mechanischen Wirkungsgrades η_m aus.

Man erkennt außerdem, daß eine Drehzahlsteigerung allein nicht unbegrenzt (die Betrachtung soll hier einmal unabhängig von den mechanischen Grenzen erfolgen) zur Leistungssteigerung herangezogen werden kann. Ab einer bestimmten Drehzahl, der Drehzahl bei maximaler Motorleistung (Nennleistung), wird der Drehzahlanstieg durch den damit verbundenen Drehmomentabfall überdeckt.

Den Ort für das maximale Motormoment auf der Leistungskurve findet man mit Hilfe der Tangente durch den Koordinatennullpunkt an die Leistungskurve. Diese Tangente ergibt sich aus der Gleichung (45) mit dem konstanten, maximalen Motormoment.

Bei den Ottomotoren (Füllungsregelung) werden die Maxima der Leistungskurven im Teillastbereich zu kleineren Drehzahlen analog zu den „verkürzten" Drehmomentverläufen bei diesen Motorlasten verschoben.

Die Begründungen für das Drehmomentverhalten erklären auch den gestreckteren Verlauf der Leistungskurven der Dieselmotoren (Gemischregelung) gegenüber den der Ottomotoren, und daß beim Dieselmotor auch im Teillastbereich der gesamte Drehzahlbereich erfaßt wird.

Die Höchstdrehzahl wird beim Dieselmotor durch den Drehzahlregler begrenzt. Dies führt zu den in Bild 4.5 nach den jeweiligen Leistungsmaxima gezeichneten

Abregelkurven (in den Bildern 4.4 und 4.6 wurden diese der Übersichtlichkeit wegen nicht eingezeichnet). Die Drehzahlbegrenzung ist vor allem bei den freisaugenden Dieselmotoren wegen der fehlenden Drosselklappe, die in der Regel eine begrenzende Wirkung hat, erforderlich.

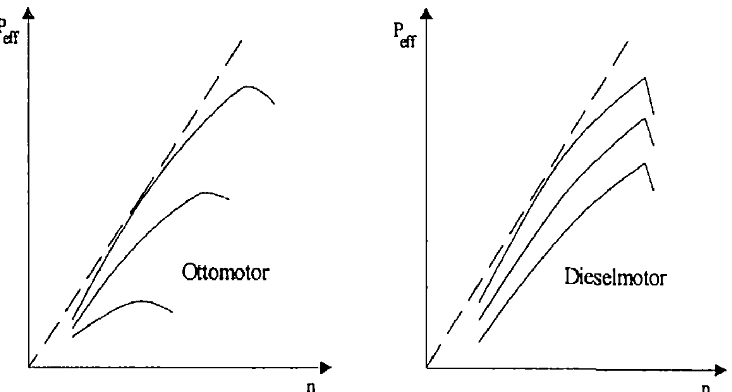

Bild 4.5 Effektive Leistung abhängig von der Motordrehzahl (qualitativ)

4.6 Zusammenfassende Darstellung der Motorkennlinien abhängig von der Drehzahl

Die Darstellungen in Bild 4.6 gelten qualitativ für Motorvollast. In dieser Abbildung ist zusätzlich zu den bisherigen Kennlinien der Verlauf der Abgastemperaturen T_A aufgenommen.

Die Abgastemperaturen T_A sind von der Motorlast (vergl. Kapitel 4.7), der Motordrehzahl und auch noch vom Zündzeitpunkt beim Ottomotor bzw. Einspritzbeginn beim Dieselmotor abhängig.

Der steigende Verlauf für die Abgastemperaturen T_A abhängig von der Motordrehzahl wird vor allem durch die mit steigender Drehzahl geringer werdende Zeit für die Verbrennung und Verbrennungsprodukte im Zylinder (entsprechend einer Vergrößerung des Gleichdruckanteils des Prozesses) sowie für die Kühlung bestimmt.

Dem Drehzahl-/Zeiteinfluß auf die Verbrennung wird beim Ottomotor durch die Vorverlegung des Zündzeitpunktes und beim Dieselmotor des Einspritzbeginns Rechnung getragen (vergl. Kapitel 4.8.4). Das bedeutet, daß ein später Zündbeginn durch späten Zündzeitpunkt bzw. Einspritzbeginn die Verbrennung verschleppt (der Gleichdruckanteil des Prozesses wird größer) und dadurch die Abgastemperatur steigt.

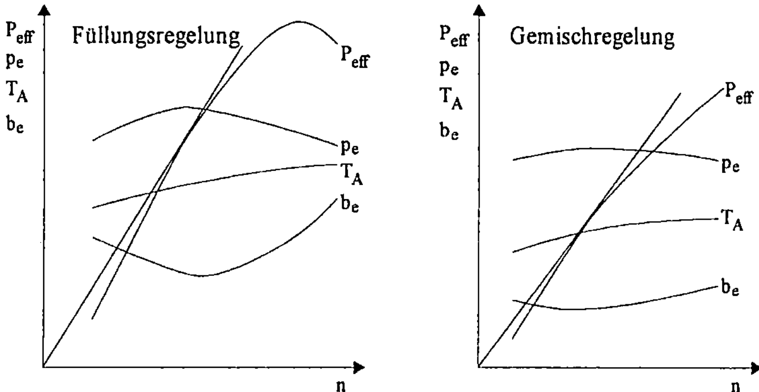

Bild 4.6 Motorkennlinien abhängig von der Drehzahl   (qualitativ, Gemischregelung ohne Abregelungskurven)

Das Niveau der Abgastemperatur des Dieselmotors liegt wegen des Betriebes mit höheren Luftverhältniszahlen unter dem des Ottomotors (vergl. Angaben in Kapitel 1.5).

4.7 Motorkennlinien abhängig von der Luftverhältniszahl

Füllungsregelung (Ottomotor):
Der Verlauf der Motorkennlinien abhängig von der Luftverhältniszahl λ (mittlerer Kolbendruck, spezifischer Kraftstoffverbrauch und Abgastemperatur) wird durch die Zündgrenzen eingeschlossen.

Im Bereich $\lambda < 1$ („fette" Gemischzusammensetzung) liegt die Zündgrenze bei $\lambda \approx 0{,}7$, weil die Zündung des Gemisches durch die Innenkühlung, die durch die Verdampfung der großen Kraftstoffmenge wirkt, behindert wird bzw. nicht mehr gelingt.

Im Bereich $\lambda > 1$ („magere" Gemischzusammensetzung) liegt sie bei $\lambda \approx 1{,}3$. Hier kann das Gemisch nicht mehr bzw. nur noch bedingt gezündet werden, da der Abstand zwischen den Kraftstoffteilchen für das Überspringen der Flamme sehr bzw. zu groß wird und die Energie der zugeführten Wärmemenge mit steigender Luftverhältniszahl abnimmt.

Der optimale Wert für den mittleren Kolbendruck, entsprechend Motorvollast, ergibt sich bei einer Luftverhältniszahl von $\lambda \approx 0{,}85$ bis $0{,}9$, da hier der Effekt der Innenkühlung noch nicht zu groß ist. Der Einfluß der Dissoziation gegenüber dem Punkt $\lambda = 1$ ist geringer und die zugeführte Wärmemenge natürlich größer als im Bereich $\lambda > 1$.

Der Bestwert für den spezifischen Kraftstoffverbrauch kann wegen der Dissoziation nicht im Bereich der stöchiometrischen Verbrennung bei $\lambda = 1$ liegen. Dieser Punkt ergibt sich deshalb im „mageren" Bereich bei $\lambda \approx 1{,}05$ bis $1{,}1$, bei Motorteillast. Bei niedrigeren Luftverhältniszahlen im Teillastbereich nimmt der Kraftstoffverbrauch wieder zu, da der Gütegrad η_g mit der schlechteren Verbrennung und der mechanische Wirkungsgrad η_m wegen der geringeren Last (kleinerem Mitteldruck) abnehmen. Diese Einflüsse überwiegen die geringfügige Verbesserung des Wirkungsgrades des Vergleichsprozesses η_v. Bei Lufverhältniszahlen darunter, d.h. entsprechend bei Vollast und Leerlauf (λ kleiner als bei Vollast) wirken die Innenkühlung, bei Vollast auch die Dissoziation verbrauchserhöhend.

Der Verlauf der Abgastemperatur T_A im Bereich $\lambda \leq 1$ ergibt sich wie der des spezifischen Verbrauches durch den Kraftstoffüberschuß mit der damit verbundenen Innenkühlung und durch die wärmezehrende Dissoziation. Der abfallende Verlauf nach dem Maximalwert im Bereich großer Luftverhältniszahlen wird durch die abnehmende Wärmezufuhr bestimmt. Es ist hierbei zu beachten, daß die Kennlinien, wie oben dargelegt, auch durch die gemischbildenden Maßnahmen beeinflußt werden.

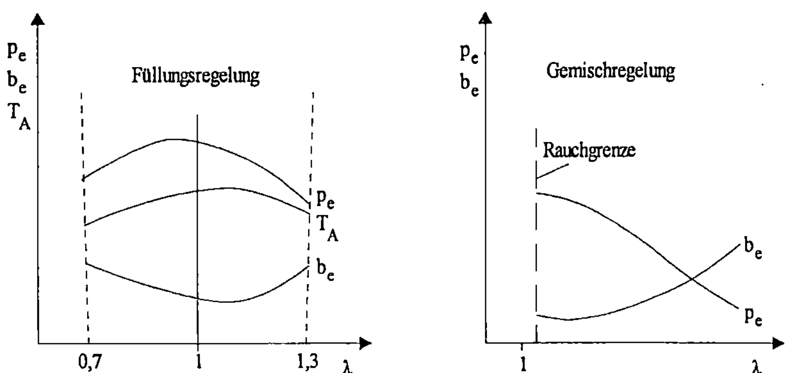

Bild 4.7 Motorkennlinien abhängig von der Luftverhältniszahl (qualitativ)

Gemischregelung (Dieselmotor)
Die Begrenzung der Kennlinien bei Werten der Luftverhältniszahl knapp unterhalb $\lambda = 1$ (bei Motorvollast) wird durch die Rauch- oder Rußgrenze bestimmt. Bei Luftmangel verstärkt sich das Rußen (Cracken, vergl. Kapitel 4.2) der Dieselmotoren.

Die Begründungen für den Verlauf der Kennlinien der Motoren mit Füllungsregelung im Bereich des Luftüberschusses lassen sich im übrigen auch hier anführen. Der Verlauf der in Bild 4.7 nicht dargestellten Abgastemperaturkennlinie T_A entspricht qualitativ in etwa der des mittleren Kolbendrucks. Die gemischbildenden Maßnahmen haben natürlich auch hier Einfluß.

4.8 Beispiele für Maßnahmen zur Änderung des Betriebsverhaltens

4.8.1 Regelung der Luftverhältniszahl auf den Wert 1 im Teillastbereich

Bei Ottomotoren mit geregeltem Katalysator wird die Luftverhältniszahl λ auf den Wert 1 eingeregelt. Motoren ohne geregelten Katalysator werden im Teillastbereich bei Lambdawerten etwas oberhalb $\lambda = 1$ betrieben, wobei bei $\lambda \approx 1,05$ bis 1,1 der Bereich für den günstigsten Kraftstoffverbrauch ist. Die Regelung auf den Wert $\lambda = 1$ verändert demgegenüber den effektiven Wirkungsgrad und den mittleren Kolbendruck.

Zunächst soll die Änderung des effektiven Wirkungsgrades mit Gleichung (32)

$$\eta_{eff} = \eta_v \cdot \eta_g \cdot \eta_m$$

und damit des spezifischen Kraftstoffverbrauches untersucht werden. Die Betrachtung erfolgt bei konstanter Motordrehzahl (vergleiche auch Kapitel 4.7).

- Wirkungsgrad des Vergleichsprozesses (vollkommenen Motors) η_v :
  Durch die Verringerung der Luftverhältniszahl steigt der Anteil der dreiatomigen Anteile des Arbeitsgases, was zur Verringerung des Wirkungsgrades führt (vergl. Kapitel 2.3.2).

  Bei $\lambda = 1$ ist die Dissoziation des Kraftstoffes (endothermer Vorgang) am größten. Auch das wirkt sich mindernd auf den Wirkungsgrad aus. Das bedeutet, daß der Wirkungsgrad des vollkommenen Motors η_v etwas schlechter wird.

- Gütegrad η_g :
  Durch die Verringerung der Luftverhältniszahl wird die Verbrennungsgeschwindigkeit wegen des damit verbundenen engeren Abstandes der Kraftstoffbestandteile in der Frischladung etwas schneller, so daß die Verbrennung mit einem etwas größeren Gleichraumanteil ablaufen kann. Das führt zu einer geringfügigen Verbesserung des Gütegrades.

  Die Ladungswechselarbeit bleibt von der Änderung der Luftverhältniszahl unberührt.

Mit der schnelleren Verbrennung erhöht sich das Druckniveau im Zylinder, so daß die Durchblaseverluste etwas zunehmen und den Gütegrad negativ beeinflussen.

Gleiches geschieht auch durch geringfügig höhere Kühlverluste. Die höheren Drücke und damit Temperaturen fördern den Wärmeübergang an die Zylinderwandungen etwas.

Eine Abschätzung, wie stark sich diese Einflüsse auf den Gütegrad gegenseitig auswirken und zu einer, wenn auch geringfügigen Veränderung des Gütegrades führen, ist mit den hier zur Verfügung stehenden Mitteln schwierig.

- mechanischer Wirkungsgrad η_m :
  Der Gasdruck im Zylinder nimmt geringfügig zu, was den Reibungsdruck p_r etwas erhöht und zur Verschlechterung des mechanischen Wirkungsgrades führt.

Dem wirkt aber die Steigerung des mittleren Kolbendrucks p_e durch die kleinere Luftverhältniszahl, was anschließend noch gezeigt werden muß, entgegen. Der mechanische Wirkungsgrad η_m kann eine geringfügige Verbesserung erfahren, da der Einfluß des Gasdruckes klein ist (vergl. Kapitel 2.4.7).

Der effektive Wirkungsgrad η_{eff} wird etwas verringert, wobei der Wirkungsgrad des vollkommenen Motors η_v hier den größten Einfluß hat.

Der spezifische Kraftstoffverbrauch nimmt dementsprechend zu. Bei der Umstellung der Motoren auf den Katalysatorbetrieb wurde seinerzeit eine Zunahme des Kraftstoffverbrauchs zwischen zwei bis vier Prozent verzeichnet, was unter anderem auf die Senkung der Luftverhältniszahl im Teillastbereich zurückzuführen ist.

Für die Beurteilung des mittleren Kolbendrucks werden zusätzlich die Gleichung (33)

$$p_e = H_G \cdot \rho_{FL} \cdot \lambda_L \cdot \eta_{eff}$$

mit der Gleichung (26a) für den Bereich $\lambda \geq 1$

$$H_G = \frac{H_u}{\lambda \cdot L_{min} + 1}$$

benötigt.

Der Gemischheizwert wird durch die Veränderung der Luftverhältniszahl größer und überwiegt die Verschlechterung des effektiven Wirkungsgrades. Der Liefergrad bleibt durch diese Änderungsmaßnahme bei der vorgegebenen Randbedingung der konstanten Motordrehzahl unberührt.

Damit nimmt der mittlere Kolbendruck bei einer Änderung der Luftverhältniszahl von etwa 1,05 bis 1,1 auf den Wert von $\lambda = 1$ etwas zu.

4.8.2 Zylinderabschaltung

Die Entwicklung der Zylinderabschaltung ist unter dem Aspekt der Energie- und Umweltschonung bei Ottomotoren zu sehen.

Mit einer automatisch geregelten Zylinderabschaltung läßt sich die Zahl der aktiven (befeuerten) Zylinder dem aktuellen Leistungsbedarf des Motors anpassen, d.h. er kann mit optimaler Füllung und bestmöglichem Wirkungsgrad betrieben werden.

Die Hubkolbenmotoren lassen aus Gründen der Laufruhe und der Massenverhältnisse das Abschalten nur in Zylindergruppen zu. Dabei bietet sich besonders der V-8-Motor an, der die Abschaltung von zwei und vier Zylindern erlaubt und damit den 8-, 6- und 4-Zylindermotor realisieren kann.

Bei gleicher erforderlicher Leistung muß der durch die Zylinderabschaltung kleinere Motor mit größerer Last, sprich größerer Drosselklappenstellung betrieben werden. D.h. die Abschaltung ist bei Ottomotoren von Interesse. Die Entdrosselung führt demnach zu einer geringeren Ladungswechselarbeit und damit zu einem besseren Gütegrad η_g gegenüber dem Betrieb mit dem gesamten Motor mit acht Zylindern. Die Änderung des Gütegrades hat den entscheidenden Einfluß auf die Änderung des effektiven Wirkungsgrades.

Der mechanischen Wirkungsgrad η_m wird, wenn überhaupt nur geringfügig durch die Zylinderabschaltung geändert. Weniger Zylinder führen zwar zu weniger Reibung, aber der nun kleinere Motor bedarf bei gleicher geforderter Leistung einer größerer Drosselklappenöffnung, d.h. höheren Last, die den Reibungsdruck wieder etwas erhöht.

Gleiches gilt für den thermischen Wirkungsgrad des vollkommenen Motors η_v. Durch die größere Drosselklappenstellung bei gleicher geforderter Leistung wird die Luftverhältniszahl geringfügig kleiner (Veränderung in Richtung Motorvollast) und damit auch der Wirkungsgrad des vollkommenen Motors η_v. Aber da dadurch auch mehr Frischladung in den Zylinder gelangt, wird der Druck und damit das   tatsächliche Verdichtungsverhältnis ε_{tat} größer, was wiederum zur Verbesserung des Wirkungsgrades des vollkommenen Motors η_v führt. Beaufschlagt man außerdem die abgeschalteten Zylinder mit dem Abgas der aktiven, so führt diese Nachexpansion zur einer Verbesserung des Wirkungsgrades des vollkommenen Motors η_v. Dabei können auch die mechanischen Verluste durch das

Mitschleppen der abgeschalteten Zylinder vermindert werden, und diese Zylinder kühlen nicht so stark aus.

Durch die Entdrosselung wird also des effektive Wirkungsgrad η_{eff} verbessert und der davon abhängige spezifische Kraftstoffverbrauch b_e verringert. Vergleicht man dies mit den Bildern 4.2 und 4.7, erkennt man, daß die Zylinderabschaltung vor allem im unteren Lastbereich und im Leerlauf von Bedeutung ist. Die Entdrosselung beim Betrieb mit Zylinderabschaltung führt neben dem Effekt einer besseren Zylinderfüllung auch zu geringeren Restgasanteilen, was eine Steigerung des Liefergrades und des Gütegrades bewirkt. Damit und mit der Verbesserung des effektiven Wirkungsgrades η_{eff} läßt sich (vergleiche Gleichung (33)) die Vergrößerung des mittleren Kolbendrucks p_e durch die Zylinderabschaltung erklären.

Die Zylinderabschaltung läßt sich z.B. durch eine Ventilabschaltung, gekoppelt mit der Abschaltung der Kraftstoffzufuhr, realisieren. Letzteres ist besonders auch bei Motoren mit Katalysator erforderlich, um diesen vor Schäden durch Fehlzündungen zu schützen.

4.8.3 Kraftstoffeinspritzung

Füllungsregelung:

Die Ottomotoren wurden zur Kraftstoffversorgung früher vor allem mit *Vergasern* ausgerüstet. Mit den Forderungen nach verbesserter Abgasqualität und geringeren Kraftstoffverbräuchen hat sich zunehmend die Kraftstoffeinspritzung durchgesetzt. Sie bringt gegenüber den Vergasern vor allem eine Verbesserung des Gütegrades η_g im Bereich der Gemischbildung und Verbrennung. Die Gemischbildung wird dabei durch die mit Druck erzeugten kleineren Kraftstofftröpfchen und mögliche gleichmäßigere Verteilung auf die Verbrennungsluft effektiver. Auch die mögliche genauere Kraftstoffzumessung in Abhängigkeit von Belastung und Drehzahl des Motors begünstigt den Gütegrad. Weiterhin ist eine bessere Anpassung der Gemischbildung an die einzelnen Zylinder möglich. Man denke hier nur an die unterschiedlichen Ansaugwege bei den Mehrzylindermotoren. All dies zieht eine verbesserte Verbrennung nach sich, besonders auch in den Warmlauf- und Übergangsphasen. Der große Nachteil der Vergaser besteht darin, daß die dem Motor zuzuführende Kraftstoffmenge, die Vermischung des Kraftstoffes mit der Luft und die Größe der Kraftstofftröpfchen durch den Unterdruck und die Strömungsverhältnisse im Vergaser bestimmt werden. Ein Vergaser je Zylinder führt hier wegen der dann in den Vergasern stark pulsierenden Strömung zur Verschlechterung. Mehrvergaseranlagen müssen deshalb in ihrer Anordnung auf die Zündabstände angepaßt sein. Sie erreichen aber nicht die Möglichkeiten der exakteren Zumessung des Kraftstoffs einer Einspritzanlage.

Ein mittels *Einspritzanlage* optimierter Verbrennungsablauf vermindert bei Ottomotoren die Klopfgefahr (unkontrollierte, vorzeitige Verbrennung; vergl. Kapitel 4.8.4), so daß das Verdichtungsverhältnis ε erhöht werden kann. Damit verringert sich das Problem der Restgasausspülung, und der thermische Wirkungsgrad des vollkommenen Motors η_v steigt. Durch diese Wirkungsgradverbesserungen wird der effektive Wirkungsgrad η_{eff} vergrößert und somit der spezifische Kraftstoffverbrauch b_e gesenkt. Der mittlere Kolbendruck p_e wird durch die Wirkungsgrade und den Liefergrad ebenfalls steigen. Der Liefergrad λ_L nimmt zu, da gegenüber dem Vergaser weniger die Strömung der Frischgase hemmende Bauteile in das Ansaugrohr ragen. Außerdem sind durch die gezielte Gemischbildung größere Ventilüberschneidungen, verbunden mit einer besseren Restgasausspülung des Brennraumes, möglich.

Ausführungen der Kraftstoffeinspritzung:
Man unterscheidet grundsätzlich die Saugrohreinspritzung (vor das/die Einlaßventil/e) und die Direkteinspritzung.

Die Saugrohreinspritzung gibt es als simultane und als sequentielle Einspritzung. Sie arbeiten mit Einspritzdrücken von 1 bis 4 bar. Bei der simultanen Saugrohreinspritzung spritzen alle Einspritzdüsen gleichzeitig und pro Arbeitszyklus zweimal den Kraftstoff ein. Dabei wird zur Gemischbildung und Verdampfung der Aufenthalt im warmen Ansaugrohr und der Weg vorbei am/an den heißen Einlaßventil/en genutzt. Allerdings wird je nach Arbeitstakt in das/die offene/n Einlaßventil/e gespritzt, was dann zu einem inhomogeneren Gemisch und damit zu vermehrtem Schadstoffausstoß (vergl. Kapitel 5.) führt. Die sequentielle Einspritzung beliefert frei programmierbar die Zylinder einzeln und schafft damit günstigere Voraussetzungen für die Gemischbildung und Verbrennung.

Die Direkteinspritzung nimmt mit ihren unmittelbar in den Verbrennungsraum wirkenden und dadurch höher belasteten (Druck, Temperatur, chemisch) Einspritzdüsen im Zuge der Magermotorkonzepte (Luftverhältniszahlen $\lambda > 1{,}2$ bis $1{,}3$ im Teillastbereich) und der Weiterentwicklung des Zweitaktmotors wieder an Bedeutung zu. Die für die Gemischbildung und Verdampfung weniger zur Verfügung stehende Zeit (gegenüber der Gemischbildung mit Vergasern und gegenüber der Saugrohreinspritzung) erfordert höhere Einspritzdrücke, die zur Zeit 50 bar (mit kleineren Kraftstofftröpfchen im Bereich von etwa 10 μm), in der Entwicklung bis 120 bar betragen. Gegenüber der Saugrohreinspritzung sind die Vorteile der größeren Innenkühlung im Zylinder durch die Kraftstoffverdampfung anzuführen. Die Klopfgefahr wird gesenkt, und es besteht die Möglichkeit des Motorbetriebes mit einem höheren Verdichtungsverhältnis ε, d.h. höherem thermischen Wirkungsgrad des vollkommenen Motors η_v. Außerdem kann dadurch und durch die Direkteinspritzung das Problem der Restgasausspülung vermindert, also ein günstigerer Gütegrad η_g erzielt werden. Dieser kann auch prinzipiell durch die Möglichkeit der Direkteinspritzung verbessert werden, die Gemischbildung wie beim Dieselmotor zu regeln. D.h. die Luft wird ungedrosselt (ohne Drosselklappe; vergl. Kapitel 2.4.1) angesaugt und der Kraftstoff durch die Einspritzmenge dem Betriebszustand angepaßt. Damit kann im Teillastbereich der Wirkungsgrad η_v wiederum angehoben werden, da man mit der ungedrosselten Ansaugung hier höhere Verdichtungsenddrücke erreicht. Schließlich wird der Liefergrad λ_L geringfügig besser, da keine Einspritzdüse mehr ins Saugrohr ragen.

Für den Einsatz im Magermotor ist die Direkteinspritzung von Interesse, da mit ihr eine gezielte Gemischschichtung durch die Einspritzmenge und -lage zur Zündkerze erreicht werden kann. D.h. die fetteren Gemischanteile gelangen an die Zündkerze, um die Verbrennung vor allem im Teillastbetrieb sicher einzuleiten.

Eine andere Art der Direkteinspritzung ist die Niederdruck - Gemischeinblasung. Hier wird das Kraftstoffluftgemisch mit einem Druck von 5 bis 7 bar in den Verbrennungsraum geblasen. Die Zielsetzungen und Ergebnisse gleichen denen der oben beschriebenen Direkteinspritzung mit Hochdruck.

Gemischregelung:

Wegen der heute verstärkt beachteten Schadstoffproblematik (vergl. Kapitel 5.) und der auch dadurch erforderlichen Kraftstoffeinsparung werden vermehrt Dieselmotoren mit Direkteinspritzung denen mit indirekter Einspritzung vorgezogen.

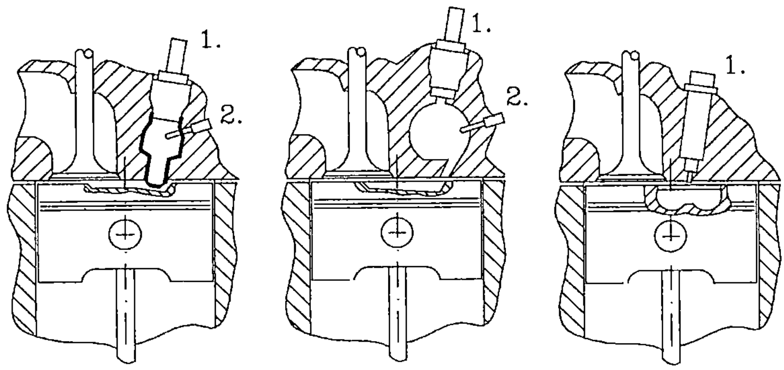

Bild 4.8 Dieseleinspritzverfahren (1. Einspritzdüse; 2. Glühkerze)

Die Motoren mit *indirekter Einspritzung* haben unterteilte Brennräume, d.h. mit einer Wirbel- bzw. Vorkammer, die im Volumen kleiner sind als der Hauptbrennraum im Zylinder. Die Einspritzung erfolgt in diese Kammer und zwar abgestuft, so daß die Verbrennung zunächst mit nur einem Teil der gesamten Kraftstoffmenge beginnt. Dadurch erhöhen sich Druck und Temperatur und die brennenden Gase werden mit dem weiter eingespritzten Kraftstoff in den Hauptbrennraum durch eine oder mehrere Bohrungen übergeschoben. Damit wird eine zusätzliche Gemischverwirbelung erreicht, die zu einem günstigeren Abgasverhalten führt (vergl. Kapitel 5.4.2). Der Verbrennungsablauf wird außerdem quasi in die Länge gezogen (Vergrößerung des Gleichdruckanteils des Prozesses), so daß die Drucksteigerung und die erreichten Spitzendrücke gegenüber dem Motor mit Direkteinspritzung geringer sind und damit auch sein Geräuschniveau.

Die *Direkteinspritzung* führt den Kraftstoff direkt dem Verbrennungsraum im Zylinder zu. Dadurch kommt es gegenüber der indirekten Einspritzung zu einem verlängertem Zündverzug, da das Temperaturniveau des Verbrennungsraumes geringer als das der kleineren Kammer ist. Der längere Zündverzug führt zum einen zu einer größeren Drucksteigerungsgeschwindigkeit und höheren Spitzendrücken, also einem lauteren Motor. Zum anderen wird dadurch die Rußgefahr (Cracken, vergl. Kapitel 4.2) vergrößert. Allerdings ist der effektive Wirkungsgrad η_{eff} und damit der spezifische Kraftstoffverbrauch b_e günstiger, da die Überschiebeverluste zwischen Kammer und Hauptbrennraum und die thermischen Verluste an der Oberfläche der kleinen Kammer und den Überströmbohrungen fehlen. Dieser Umstand führt dazu, daß Dieselmotoren mit Direkteinspritzung sich vermehrt bei der Verwendung als Antriebsaggregat für Kraftfahrzeuge durchsetzen. Den harten Gang des Motors und die Rußgefahr kann man vor allem durch höhere Einspritzdrücke (700 bis 2000 bar gegenüber bis zu 450 bar bei indirekter Einspritzung) zur besseren Gemischbildung abbauen. Mit einer geringen Voreinspritzung (etwa stecknadelkopfgroßes Volumen bei PKW-Motoren) kann der zu große Zündverzug verringert werden. Das Ziel der Verbesserung der Verbrennung wird auch durch gleichmäßige, an den gewünschten Betriebszustand angepaßte hohe Einspritzdrücke erreicht, wie z.B. mit der Common-Rail-Einspritzung oder der Einspritzung mit Pumpe-Düse-Elementen. Dabei werden auch Einspritzzeitpunkt und -verlauf entsprechend geregelt.

Die bisher angesprochene Direkteinspritzung (luftverteilende) verdrängt auch die wandverteilende mit Dralleinlaß und kugelförmigem Brennraum im Kolben. Hier wird der Kraftstoff schichtweise von der Brennraumwand und in der Wandnähe abgedampft und verbrannt. Dadurch weist dieses Verfahren eine geringere Rußbildung und einen weicheren Motorlauf auf, aber beim Kaltstart einen hohen Schadstoffausstoß. Es bestehen hier nicht die Möglichkeiten der Steuerung der Verbrenung durch den Verlauf der Einspritzung und des Einspritzdrucks.

Die exakte Zumessung des Kraftstoffes zur Verbrennungsluft wird sowohl bei der *Füllungs-* als auch bei der *Gemischregelung* auch durch die Öffnungsgeschwindigkeit der Einspritzdüsen beeinflußt. Sie sollte möglichst hoch sein, wobei mechanische Antriebe Probleme bereiten.

4.8.4 Zündung

Der Verbrennungsablauf wird auch durch die Zündung beeinflußt.

Fremdzündungsmotor (Ottomotor)

Der Zündzeitpunkt muß unter Berücksichtigung der endlichen Verbrennungsgeschwindigkeit (vergl. Kapitel 2.4.1) und des - wenn auch bei Motoren mit Fremdzündung geringen - Zündverzuges bezüglich des OT so gelegt werden, daß optimale Werte für Drehmoment, Leistung, Verbrauch und Emissionsverhalten erzielt werden können. D.h. man verbessert den Gütegrad η_g durch einen möglichst großen Gleichraumanteil der Verbrennung und vollständige Verbrennung in der zur Verfügung stehenden Zeit im Zylinder. Dafür liegt bei Ottomotoren das Druckmaximum aus der Verbrennung (entspricht dem Druck p_3 im Kreisprozeß) etwa bei 15° bis 20° KW nach OT (siehe Bild 4.9).

Die Verbrennung läuft in einer Kettenreaktion ab, wobei die Energie der bereits verbrannten Gemischteilchen sich auf die noch unverbrannten, benachbarten Teilchen überträgt. Dabei bewegt sich die Flammenfront im Mittel mit einer Geschwindigkeit von 20 bis 40 m/s.

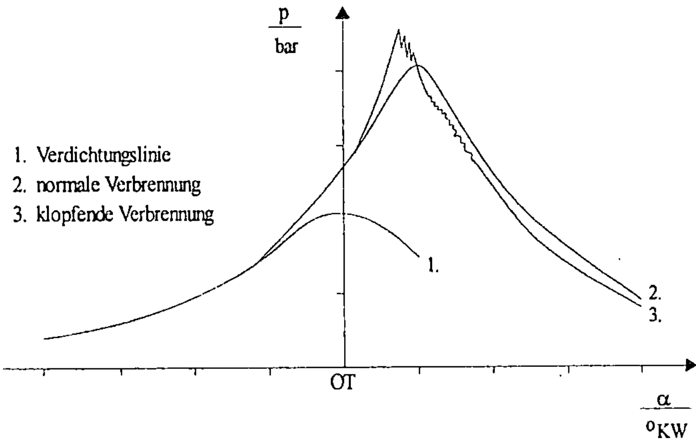

Bild 4.9 Verschiedene Druckverläufe

Der Zündzeitpunkt ist der Last des Motors anzupassen. Teillast wird durch Verringerung der Drosselklappenöffnung (Drosselung) beim Ottomotor erreicht. Dadurch kommt eine kleinere Gemischmenge in den Verbrennungsraum, was wegen des dadurch größeren Gemischteilchenabstandes zur Verminderung der Verbrennungsgeschwindigkeit führt. Gleiches bewirkt die Verschlechterung des Liefergrades λ_L durch die Drosselung, da die Dichte des Gemisches z.B. durch die schlechtere Restgasausspülung und schlechtere Gemischbildung zumindest teilweise geringer wird. Das bedeutet, daß der Zündzeitpunkt mit abnehmender Last des Motors in Grad-Kurbelwinkel vorverlegt werden muß.

Die endliche Verbrennungsgeschwindigkeit und der zeitlich konstante Zündverzug erfordern zudem auch eine Vorverlegung des Zündzeitpunktes mit steigender Motordrehzahl.

Das Verdichtungsverhältnis ε bestimmt ebenfalls den Zündzeitpunkt. Ein hohes Verhältnis führt zu einem höheren Druck- und Temperaturniveau im Zylinder und zu einer höheren Dichte des Gemisches, so daß der Zündzeitpunkt später liegen kann als bei niedrigeren Verdichtungsverhältnissen.

Bei der ottomotorischen Verbrennung kann es zu Störungen der Verbrennung, dem sogenannten *Klopfen* kommen. Es sind dafür grundsätzlich zwei mögliche Ursachen zu nennen.

Die Zündkerze zündet Gemischteile in ihrer direkten Nähe und löst die Kettenreaktion der Verbrennung aus. Damit ist eine Temperatur- und Drucksteigerung unmittelbar verbunden. Ist die Verbrennungsgeschwindigkeit nun langsamer als diese Temperatur- und Drucksteigerungswelle, können Teile des von der Verbrennung noch nicht erfaßten Gemisches vorzeitig ebenfalls verbrennen. Diese Verbrennung führt zu starken Druckwellen mit hoher Frequenz (ca. 3000 Hz und höher), was als Klopf- und Klingelgeräusche zu hören ist. Man spricht vom *Zündfunkenklopfen*, auch Zündungsklopfen. Die Folgen sind eine thermische und mechanische Überbeanspruchung besonders der Kolben und des Kurbeltriebes. Das höhere Temperaturniveau führt zu größeren Wärmeverlusten und damit zu einem schlechteren Gütegrad η_g. Das wird auch noch durch den schlechter nutzbaren Hebelarm für das Drehmoment (Verschiebung zum Gleichraumprozeß) unterstützt. Auch der mechanische Wirkungsgrad η_m wird durch die Druckausbreitung verringert.

Die andere Klopfart, die die gleichen negativen Wirkungen zeigt, ist das *Oberflächenklopfen*. Dabei wird die vorzeitige Verbrennung von Gemischteilen durch heiße Bauteile im Verbrennungsraum, wie z.B. überhitzte Auslaßventile, glühende Ölkohlebeläge, überhitzte Zündkerzen (mit zu hoher Wärmewertkennzahl) ausgelöst.

Es können betriebstechnische, kraftstofftechnische und konstruktive Maßnahmen gegen das Klopfen ergriffen werden.

Neben der Einstellung des Zündzeitpunktes sind auch während des Motorbetriebs

Gegenmaßnahmen möglich, indem man hohe Drehzahlen mit den damit verbundenen hohen Motortemperaturen meidet. Gleiches gilt für hohe Last bei niedrigen Motordrehzahlen, bei denen die Verbrennungsgeschwindigkeit ihre geringsten Werte hat.

Die kraftstofftechnischen Maßnahmen zielen auf Kraftstoffe mit hoher Klopffestigkeit, hoher Oktanzahl.

Bei den konstruktiven Maßnahmen ist als einfachste Möglichkeit die Senkung des Verdichtungsverhältnisses ε zu nennen. Das führt aber zu einer Absenkung des thermischen Wirkungsgrades des vollkommenen Motors η_v. Deshalb ist es günstiger, die Brennraumgestaltung zu optimieren. Dazu sollen ein paar Beispiele aufgezeigt werden:

- kurze Brennwege durch zentrale Lage der Zündkerze und/oder kompakten Brennraum, z.B. als Mulde im Kolben (der sogenannte HERON-Kolben), Dachbrennraum oder Halbkugelbrennraum;
- Zündkerze an der heißesten Stelle im Brennraum, z.B. in der Nähe des Auslaßventils;
- Brennraum mit Quetschspalte gegenüber der Zündkerze (Keilbrennraum, Bild 4.10), so daß die am weitesten entfernten Gemischteile durch den sich aufwärtsbewegenden Kolben der Flammenfront entgegengespült werden; auch durch den Einlaßdrall (Turbulenz des Gemisches) läßt sich ähnliches erreichen;

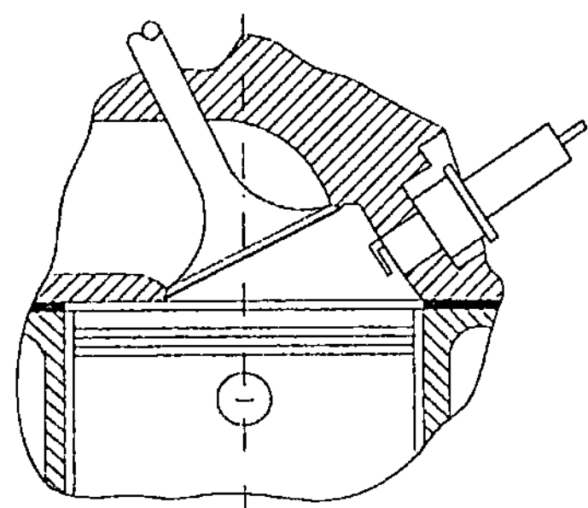

Bild 4.10 Keilbrennraum

- Vermeidung von Toträumen, die von der Gemischbewegung nicht oder nur mangelhaft erfaßt werden können;
- gezielte Kühlung der heißen Bauteile, z.B. gekühlte Auslaßventile; bei anderen Bauteilen läßt sich dies nur durch Wasserkühlung realisieren;
- zwei Zündkerzen bis hin zu Versuchen der Mehrfachzündung mit peripher

angeordneten Zündkerzen (Fa. Mazda, vergl. Bild 4.11), so daß die Brennwege kürzer sind.

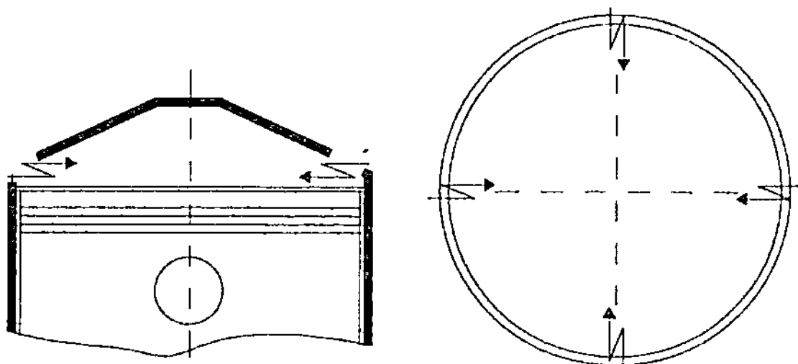

Bild 4.11 Mehrfachzündung

Diese Maßnahmen, besonders die letztgenannte zielen aber vor allem auch auf eine möglichst vollständige Erfassung des Gemisches im Zylinder, um bessere Sachadstoffemissionswerte zu erreichen.

Selbstzündungsmotor (Dieselmotor)

Die für den Ottomotor getroffenen Aussagen bezüglich der endlichen Verbrennungsgeschwindigkeit und des zeitlich konstanten Zündverzuges treffen grundsätzlich auch auf den Dieselmotor zu. Allerdings steht hier für die innere Gemischbildung (mit der Kraftstoffeinbringung in den Verbrennungsraum) und Zündung erheblich weniger Zeit entsprechend ° KW (Grad Kurbelwinkel) zur Verfügung. Diese Problematik nimmt mit steigender Drehzahl zu, d.h. der Gleichdruckprozeßanteil wird vergrößert, entsprechend der Gütegrad η_g verschlechtert. Zu beachten sind dabei:

- Der Spritzverzug zwischen Förderbeginn und Einspritzbeginn in den Verbrennungsraum nimmt mit steigender Drehzahl und Temperatur zu (der Transport des Kraftstoffs in den Einspritzleitungen erfolgt mit Schallgeschwindigkeit). Hier haben Pumpedüseelemente (Einspritzpumpe und -düse in einer Kompakteinheit an jedem Zylinder) Vorteile.
- Der Zündverzug bei der Selbstzündung ist länger als bei der Fremdzündung. Seine Dauer wird durch Druck und Temperatur bestimmt. Er ist bei einem bestimmten Einspritzbeginn über der Drehzahl etwa zeitlich konstant, was auch hier mit steigender Drehzahl in ° KW eineVerlängerung und späteren Verbrennungsbeginn bedeutet.
- Die Einspritzdauer für die erforderliche Kraftstoffmenge wird mit zunehmender Motorlast (Teillast nach Vollast) und Drehzahl länger.

Diese drei endlichen Einflußgrößen machen das Umsetzen hoher Energien und das Erreichen hoher Drehzahlen schwierig. Außerdem führen sie zum bereits erwähnten Cracken, das mit Druck und Temperatur sowie kleinerer Lufverhältniszahl λ zunimmt. Es ist demnach eine drehzahlabhängige Anpassung des Einspritzbeginns und damit des Zündzeitpunktes erforderlich. Dazu benötigt die Einspritzanlage einen sogenannten Spritzversteller.

Beim in der Regel ungedrosselten Dieselmotor entfällt eine lastabhängige Regelung des Einspritzbeginns. Bei PKW-Motoren wurden zur Steuerung (mittels Unterdruck) der Einspritzpumpe teilweise Drosselklappen verwendet.

4.9 Wankelmotor

4.9.1 Aufbau

Das Verfahren wurde bereits im Kapitel 1 kurz beschrieben und der Aufbau anhand des Bildes 1.3 verdeutlicht. Hier sollen zum Aufbau noch ein paar Ergänzungen erfolgen.

Die Laufbahn des Motorgehäuses hat die Form einer zweibogigen Epitrochoide, in der ein Kolben (Läufer) mit der Außenform eines sphärischen Dreiecks umläuft. Dazu ist der Läufer innen als Hohlrad mit dem Radius R_0 ausgebildet und wälzt auf einem feststehenden Ritzel mit dem Radius r_0 ab (vergl. Bild 4.12 und 13). Die Mittelpunkte beider Radien haben den Abstand der Exzentrizität r_e. Die Ecken des Läufers liegen auf dem Radius R_e.

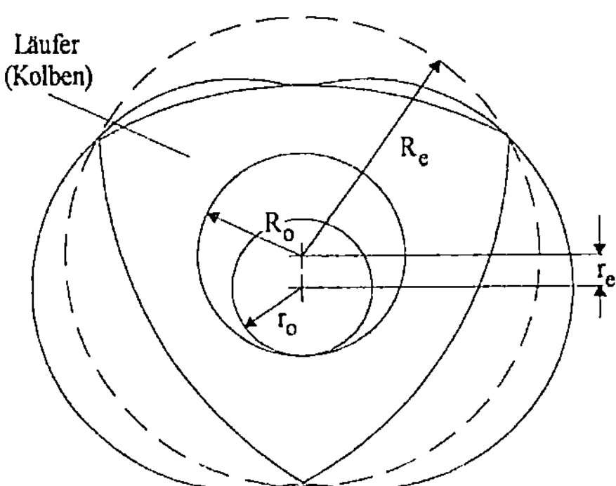

Bild 4.12 Wankelmotor, Geometrie

Bei der zweibogigen Trochoide ist das Verhältnis

$$\frac{R_0}{r_0} = \frac{3}{2} \; .$$

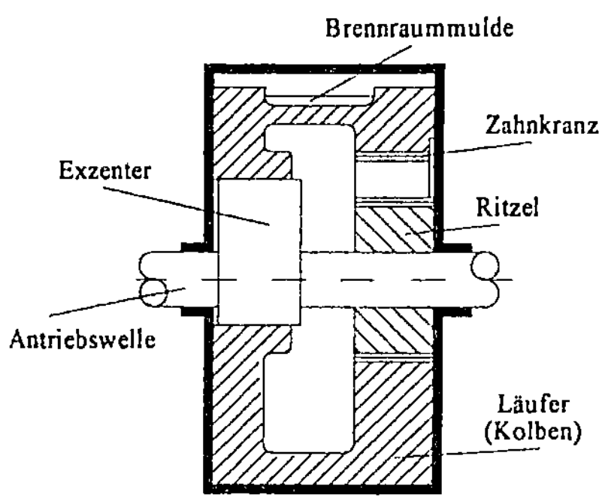

Bild 4.13 Wankelmotor, Aufbau
(Ansicht: Stirnseite)

Damit ergibt sich für die Exzentrizität mit

$$r_e = R_0 - r_0 = \frac{r_0}{2} = \frac{R_0}{3} \quad ,$$

und für die Exzenterdrehzahl, die der Kurbelwellendrehzahl des Hubkolbenmotors entspricht, erhält man:

$$n_e = 3 \cdot n_L = n \quad \text{(mit der Drehzahl des Läufers } n_L\text{)}.$$

Das bedeutet, daß sich gegenüber dem Hubkolbenmotor der Arbeitstakt über 270° Exzenterwinkel (entsprechend Kurbelwinkel) statt über 180° erstreckt, was zu einem gleichmäßigeren Verlauf des Drehmomentes führt.

Das Verdichtungsverhältnis läßt sich mit Hilfe der folgenden Gleichung bestimmen:

$$\varepsilon = \frac{V_1 + V_M}{V_2 + V_M} \quad .$$

Hierin bedeuten: V_1 größtes vom Läufer freigegebenes Volumen (vergl. Bild 1.9.d Nr. 1)

V_2 kleinstes vom Läufer freigegebenes Volumen (Kompressionsvolumen, vergl. Bild 1.9.c Nr. 2)

V_M Volumen der Brennraummulde (im Läufer, in den Schenkeln des sphärischen Dreiecks) .

Das Verdichtungsverhältnis ist um so größer, je größer das Verhältnis R_e/r_e (desto kleiner V_2) ist.

Das Kammervolumen (entsprechend dem Hubvolumen) wird berechnet mit

$$V_H = z \cdot 3 \cdot \sqrt{3} \cdot r_e \cdot R_e \cdot b \quad \text{(mit } z = \text{Anzahl der Läufer, } b = \text{Läuferbreite)} .$$

4.9.2 Betriebsverhalten

Der Ladungswechsel läßt sich beim Wankelmotor mit Hilfe des Umfangseinlasses, wie er in den Bildern 1.3 und 9 dargestellt ist, oder als Seiteneinlaß in den Stirnflächen des Gehäuses realisieren. Der Seiteneinlaß reduziert allerdings die mögliche Läuferanzahl (Scheiben-) auf zwei gegenüber dem Umfangseinlaß.

Der *Liefergrad* λ_L wird durch den Umfangseinlaß positiv beeinflußt, da die Steueröffnungen nie ganz geschlossen sind (Überschneidung), so daß nach dem Punkt „Einlaß schließt" in die folgende Kammer Frischladung strömt und diese ausspülen kann. Weiterhin wird der Gasstrom in seiner Bewegung nicht so abrupt periodisch unterbrochen, wie beim Hubkolbenmotor, was aber wegen der geringen Beschleunigungen der exakteren Abstimmung vor allem des Abgastraktes auf die auch hier schwingende Gassäule bedarf. Positiv wirkt sich beim Wankelmotor auch aus, daß die Frischladung nicht an aufgeheizten Ventilen vorbeiströmen muß. Die Öffnungsquerschnitte sind größer als bei den schneller öffnenden Ventilen des Hubkolbenmotors. Die strömungstechnischen Vorteile gegenüber dem ventilgesteuerten Hubkolbenmotor gelten aber nicht bei kleinen Drehzahlen und besonders nicht im Leerlauf, da dann wegen der geringen Strömungsdynamik Abgase angesaugt werden können. Das führt zu dem für diesen Motor mit Fremdzündung (Ottomotor) typischen Ruckeln. Der Seiteneinlaß ist in diesem Punkt günstiger, kann aber nicht die positiven Eigenschaften der Überschneidung der Steueröffnungen bieten.

Der *Gütegrad* η_g wird durch eine (wegen der fehlenden Ventile) kleinere Ladungswechselarbeit gegenüber dem Hubkolbenmotor begünstigt. Bei höheren Drehzahlen ist die Gemischbildung wegen der Verwirbelung des Gemisches und der Aufheizung am heißen Läufer (Kolben) unproblematisch. Bei niedrigeren Drehzahlen im Teillastbereich kann bei Motoren mit Umfangseinlaß Kraftstoff ausfallen, was ebenfalls zu dem Ruckeln beiträgt, da die Verwirbelung in den großen Öffnungsquerschnitten gering und der Einlaß relativ kalt ist. Hier zeigt der Seiteneinlaß durch das Umlenken des Ansaugstromes und der damit verbundenen Verwirbelung gewisse Vorteile. Allerdings läßt sich das Problem des Ruckelns durch zusätzliche Maßnahmen, wie z.B. Einspritzung zumindest verringern. Die Verbrennung wird wegen des langgestreckten Brennraumes (lange Brennwege) verschleppt (der Gleichdruckanteil des Prozesses wird zu Lasten des Gleichraumanteils größer) und neigt deswegen auch zu unvollständiger Verbrennung mit höherem Schadstoffausstoß. Die Brennraumform hat zudem auch noch eine große Oberfläche, so daß die dem Hubkolbenmotor gegenüber prinzipbedingten höheren Kühlverluste den Gütegrad weiter schwächen. Die großen Dichtlängen an den Läuferkanten und -stirnflächen führen zu Leckverlusten.

Der *mechanische Wirkungsgrad* η_m wird gegenüber dem Hubkolbenmotor durch die geringeren Reibungsverluste - der Wankelmotor hat einen einfacheren Kurbeltrieb mit nur drehenden Bewegungen und ihm fehlt der Ventiltrieb - günstig beeinflußt.

Bisher wurden vor allem Wankelmotoren mit Fremdzündung serienmäßig in Fahrzeuge eingesetzt. Aber auch als Dieselmotor ist dieser Antrieb möglich. Allerdings ist für ein hohes Verdichtungsverhältnis ε ein großes Verhältnis Re/re, was aber zu großen Bauvolumina führt. Eine Möglichkeit, den Wankel- als Dieselmotor bei kleinerem Raumbedarf zu betreiben, besteht in der zusätzlichen Verwendung einer Fremdzündung.

4.10 Zweitaktmotor

4.10.1 Spülverfahren

In Kapitel 1.4.2 sind die Arbeitsspiele des Zweitaktverfahrens beschrieben worden.

Das wichtige Ausstoßen der Abgase geschieht demnach dadurch, daß kurz vor UT die Kolbenoberkante beginnt, den Auslaßschlitz freizugeben. Dadurch können die expandierenden Abgase den Zylinder teilweise in der sogenannten Phase des Vorauslasses verlassen. Die auch noch vor UT etwas später mit dem sogenannten Spüldruck in den Zylinder gelangenden Frischgase haben dann die Aufgabe, auch die Restgase auszuspülen. Nun fehlen aber dem Zweitaktmotor gegenüber dem Viertaktmotor die zusätzlichen Hübe für das Ansaugen und Ausstoßen. Das bedeutet, daß auch der für das Ausspülen der Abgase beim Ladungswechsel erforderliche Über- bzw. Unterdruck nicht in ausreichendem Maße vorhanden ist. Die Verdrängerwirkung der Kolbenbewegung allein hat nicht die nötige Wirkung. Deshalb muß der Zweitaktmotor mit einer Spülpumpe ausgerüstet sein. Diese Aufgabe wird besonders bei kleinen Motoren durch die in Kapitel 1.4.2 mit der Bild 1.8 beschriebene, preiswerte Kurbelkastenspülung und bei größeren Motoren durch zusätzliche Spülpumpen in Form von Kolbenpumpen, Kreiselgebläsen, Kapselgebläsen oder anderen übernommen. Das Spülproblem erfordert deshalb darüber hinaus eine möglichst gute Abstimmung der Längen und auch Durchmesser des Ein- und Auslaßsystems. Daraus ergibt sich aber, besonders bei Motoren mit Kurbelkastenspülung, daß der Ladungswechsel nur bei einer bestimmten Drehzahl und in einem bestimmten Lastpunkt optimal funktionieren kann. D.h. die Restgasausspülung ist in weiten Bereichen nicht vollständig. Es kann z.B. bei niedrigen Drehzahlen zum Zurückschieben in den Einlaßtrakt und bei hohen Drehzahlen zum Ausschieben nicht verbrannten Gemisches kommen. Letzteres garantiert allerdings die vollständige Restgasausspülung. Hier, wo die Auswirkungen auf den Liefergrad λ_L und den Gütegrad η_g gravierend sind (vergl. Gleichung (33)), sind die sogenannten Spülverfahren von Bedeutung. Es ist noch zu beachten, daß für den Ladungswechsel nur ein Bereich von 1/5 (gemessen in ° KW) des Viertaktmotors zur Verfügung steht (der Zweitaktmotor benötigt nur eine Kurbelwellenumdrehung für den Arbeitstakt).

Man unterscheidet drei Spülverfahren, die hier grundsätzlich aufgezeigt werden sollen (vergl. Bild 4.14).

Bei der *Querstromspülung* sind die Ein- und Auslaßschlitze im unteren Teil des Zylinders auf dem Umfang verteilt, so daß für die Einlaßschlitze die möglichen Querschnitte begrenzt sind. Durch Wandwirbel besteht die Gefahr des Verbleibs größerer Restgasanteile im Zylinder, wobei eine Kurzschlußströmung zwischen Ein- und Auslaß entstehen kann. Es gibt einige Möglichkeiten von konstruktiven Gegenmaßnahmen, z.B. durch die schräg nach oben angeordneten Einlaßkanäle oder den Nasenkolben, der allerdings mit seiner größeren Oberfläche auch mehr Wärme dem Prozeß entzieht und den Brennraum zerklüftet. Letzteres ist besonders beim Dieselverfahren für die Gemischbildung und Verbrennung ungünstig.

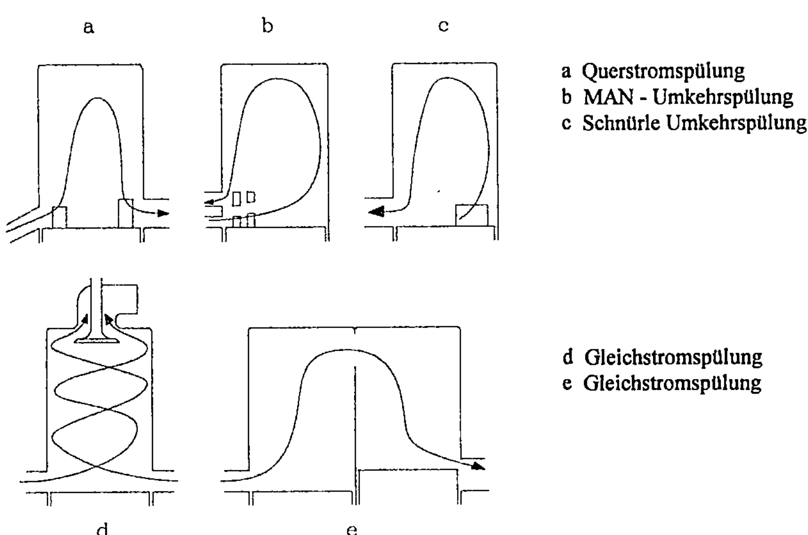

Bild 4.14 Spülverfahren

Die *Umkehrspülung* neigt weniger zur Kurzschlußströmung und verfügt über einen besseren Spülgrad λ_s (vergl. Kapitel 2.4.4 und 4.10.2). Bei der MAN-Umkehrspülung lassen sich durch die übereinander angeordneten Schlitze größere Einlaßquerschnitte realisieren. Allerdings ergeben sich durch den damit verbundenen großen Vorauslaßquerschnitt höhere Spülverluste (vergl. Kapitel 4.10.2

und 2.4.1 „Einfluß des vorzeitigen Öffnens der Auslaßventile"), so daß diese Spülung sich nur für Dieselmotoren eignet. Für Ottomotoren bietet sich die Schnürle-Umkehrspülung mit ihren schräg gegeneinander gerichteten Einlaßkanälen an, die aber über eine geringere Kühlung des Kolbenbodens verfügt.

Den besten Spülgrad λ_s erzielt man mit der *Gleichstromspülung*. Die Spülung erfolgt hier vor allem durch die Verdrängung mit Hilfe des Kolbens. Das Verfahren ist aber konstruktiv aufwendiger als die anderen Spülverfahren, da ein zusätzliches Steuerorgan für den Auslaß, z.B. ein Ventil erforderlich ist. Das Ventil ist durch das Zweitaktverfahren - jede Kurbelwellenumdrehung wird ausgeschoben - thermisch höher belastet. Zudem ist das Verfahren gegenüber dem Viertaktmotor problematischer, da die kürzere Zeit bezüglich des Zeitquerschnittes für den Ladungswechsel größere Ventilbeschleunigungen erfordert. Die in Bild 4.14 aufgezeigte Gleichstromspülung mit u-förmigem Zylinderraum weist Probleme bezüglich der Kühlung des Mittelsteges, der Restgasausspülung im Bereich des Mittelsteges und des Massenausgleichs auf. Die Kolben arbeiten versetzt. Diese Gleichstromspülung wird nur bei kleineren Motoren angewendet.

4.10.2 Betriebsverhalten

Das Betriebsverhalten des Zweitaktmotors wird also vor allem durch die Güte der Spülung bestimmt, von der der Erfolg des Ladungswechsels, entsprechend der *Liefergrad* λ_L, abhängig sind. Man erfaßt die qualitative Wirkung der Spülung mit Hilfe des Spülgrades (vergl. Kapitel 2.4.4, Gleichung (19)):

$$\lambda_s = \frac{m_z}{m_z + m_{RG}} \quad .$$

Daneben gibt der Luftaufwand (vergl. Kapitel 2.4.4, Gleichung (18)):

$$\lambda_a = \frac{m_{zges}}{m_{th}}$$

Auskunft über die dem Motor insgesamt zugeführte Luftmasse beim Dieselmotor bzw. Frischladungsmasse beim Ottomotor.

Den Vergleich zwischen der tatsächlich zu Beginn der Verdichtung im Zylinder befindlichen Frischladung und der aufgewendeten Spülmenge, d.h. der insgesamt zugeführten erhält man mit dem Fanggrad (vergl. Kapitel 2.4.4, Gleichung (20)):

$$\lambda_z = \frac{m_z}{m_{zges}} \quad .$$

Aus beiden erhält man dann den Liefergrad, der ja den oben erwähnten Erfolg des Ladungswechsels erfaßt, mit:

$$\lambda_L = \lambda_a \cdot \lambda_z = \frac{m_z}{m_{th}} \quad . \tag{11}$$

Eine andere Möglichkeit, den Spülvorgang auf den Liefergrad zurückzuführen, ist der in einigen Literaturstellen angeführte *Ladegrad*, der als das Verhältnis aus der im Zylinder zu Beginn der Verdichtung befindlichen Frischladungs- und Restgasmasse zu der theoretisch möglichen Masse m_{th} definiert ist:

$$\lambda_d = \frac{m_z + m_{RG}}{m_{th}} \quad . \tag{51}$$

Der Ladegrad ergibt zusammen mit dem Spülgrad den Liefergrad entsprechend Gleichung (11):

$$\lambda_L = \lambda_s \cdot \lambda_d \quad .$$

Die für die Restgasausspülung notwendige Spülluft- bzw. Frischladungsmasse wird begrenzt durch:

- . die Spülschlitze dürfen nicht zu groß sein, da sonst effektives Zylindervolumen verloren geht,
- die Geschwindigkeit der spülenden Frischladung darf ebenfalls wegen der Strömungswiderstände nicht zu hoch sein.

Ein gewisser Nachladeeffekt ist beim Zweitaktmotor zu erreichen, wenn der Einlaß nach dem Auslaß schließt, was durch das getrennt steuerbare Auslaßorgan bei der Gleichstromspülung erreichbar ist.

Zweitaktmotoren benötigen für die Spülung neben den generell möglichst großen Öffnungsquerschnitten auch das etwas frühere Öffnen der Auslaßquerschnitte gegenüber dem Einlaß. Dies gilt besonders unter dem Aspekt des kurzen zur Verfügung stehenden Abschnittes in $°$ KW . Dadurch kommt es aber zu dem in Kapitel 2. 4.1 „Einfluß des vorzeitigen Öffnens der Auslaßventile" (mit Bild 4.15) beschriebenen Verlust an Hubraum, Arbeitsfläche. Der *Gütegrad* η_g wird negativ beeinflußt. Allerdings fehlt beim Zweitaktmotor die Ladungswechsel-schleife. Die Ladungswechselarbeit entspricht der in Bild 4.15 schraffierten Fläche. Das frühzeitigere Öffnen der Auslaßseite, der Vorauslaß, wird mit dem für die Motorberechnungen zweckmäßigeren Bezugshubraum erfaßt:

$$V_h^* = V_h \cdot (1 - \sigma_a) \quad \text{mit } \sigma_a = \text{relative Auslaßschlitzlänge.}$$

Die meistens im Zylinder verbleibende Restgasmenge, die den Liefergrad λ_L verschlechtert, führt auch zur Verringerung des Gütegrades η_g, indem neben dem Einfluß der Dissoziation und der größeren spezifischen Wärmen die Verbrennung verschleppt wird (vergl. Kapitel 2.4.1 „Einfluß der Restgase"). Der negative

Einfluß wird noch durch die für die Gemischbildung sehr kurze Zeit und die damit verbundenen schlechten Verbrennungsbedingungen verstärkt.

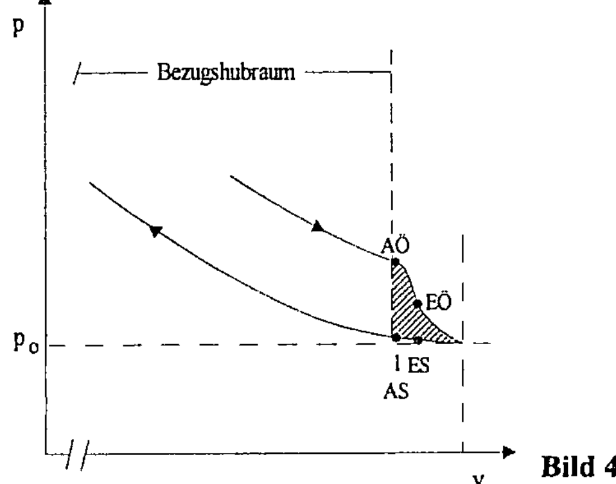

Bild 4.15 Ladungswechsel des Zweitaktmotors

Ein weiteres Problem des Zweitaktmotors, das den Gütegrad η_g vermindert, ist das höhere Temperaturniveau. Es stellt sich wegen des jede Kurbelwellenumdrehung vollständig stattfindenden Arbeitsspieles ein, mit der Folge der größeren Kühlverluste. Außerdem werden die Bauteile, vor allem auf der Auslaßseite thermisch höher beansprucht.

Der *mechanische Wirkungsrad* η_m zeigt gewisse Vorteile gegenüber dem Viertaktmotor. Es fehlt im allgemeinen der Antrieb für die Steuerorgane bzw. er ist einfacher ausgeführt.

Wegen der erforderlichen großen Steueröffnungen und Öffnungszeiten kann das Verdichtungsverhältnis ε bei Ottomotoren nicht so groß gewählt werden, was den thermischen *Wirkungsgrad des vollkommenen Motors* η_v verringert. Allerdings, und das gilt auch für die Dieselmotoren, hat der Zweitaktmotor den thermodynamischen Vorteil, daß er den zugrunde liegenden Kreisprozeß bei einem höheren Niveau beginnt als der Viertaktmotor (vergl. Bilder 2.15, Punkt 1 und 2.20).

Es ist anhand der bisherigen Erläuterungen erkennbar, daß der Zweitaktmotor die theoretisch mögliche zweifache Leistung gegenüber dem Viertaktmotor (vergl. Gleichung (42)) und dessen Abgasqualität nur schwer erreichen kann. Aber dennoch ergibt sich daraus der größte Vorteil des Zweitaktmotors, da er bei gleicher Leistung kleiner und leichter ist. Deshalb fehlt es auch nicht an Versuchen, den Zweitaktmotor gegenüber dem Viertaktmotor konkurrenzfähig zu machen. Die Problematik der Spülung vor allem im Teillastbereich und damit des Ladungswechsels und darausfolgend der Gemischbildung versucht man durch verschiedene Ventilsteuerungen (z.B. Drehschieber-, Tellerhub-, Membranventile) und Direkteinspritzung in den Zylinder zu beseitigen. Dabei bereiten mechanische, thermische Belastungen der Bauteile Schwierigkeiten. Daß die notwendigen Ventilsteuerungen den bisher weiteren Vorteil des Zweitaktmotors der einfachen Bauweise zunichte machen, ist von geringerer Bedeutung.

Weitere Untersuchungen (Honda) zielen darauf ab, die Selbstzündungen des Kraftstoffluftgemisches - bedingt durch den hohen Restgasanteil - im Teillastbereich für die Verbesserung der Verbrennung (Gütegrad η_g) zusätzlich zu nutzen (vergl. Kapitel 4.8.4 „Mehrfachzündung" und 5.4.2). Die Selbstzündungen werden durch Eingriff in das Druck- und Temperaturniveau im Zylinder bewußt provoziert, indem die Strömung im Auspufftrakt last- und drehzahlabhängig gedrosselt wird.

4.11 Aufladung

4.11.1 Allgemeines

Die Aufladung wird meistens als Mittel zur Leistungssteigerung herangezogen. Die Möglichkeiten der Leistungssteigerung lassen sich mit Hilfe der Gleichung (42)

$$P_{eff} = p_e \cdot V_H \cdot n_A$$

verdeutlichen. Demnach führen eine Erhöhung der Motordrehzahl und/oder eine Vergrößerung des Hubraumes zum Ziel. Allerdings sind diesen Maßnahmen relativ enge Grenzen gesetzt, da sie sich zum Teil negativ auf den mittleren Kolbendruck p_e auswirken (vergl. Kapitel 3.3 und 4.10 für den Zweitaktmotor).

Die leistungssteigernde Wirkung der Aufladung - zu deren Vorzügen gegenüber den anderen leistungssteigernden Verfahren auch die Möglichkeit der Motorfamilie zählt, die sich relativ einfach um den Motor mit Aufladung erweitern läßt - beruht auf der Vergrößerung des mittleren Kolbendruckes (Gleichung (33))

$$p_e = H_G \cdot \rho_{FL} \cdot \lambda_L \cdot \eta_{eff} \quad ,$$

damit des Drehmomentes, indem der Liefergrad λ_L (Gleichung (11))

$$\lambda_L = \frac{m_z}{m_{th}}$$

verbessert wird (Verbesserung der Füllung). Es gelangt mehr Frischladungsmasse m_z durch Vorverdichtung in die Zylinder, so daß eine größere Kraftstoffmasse verbrannt werden kann. Das läßt sich anhand des Zusammenhanges

$$m_z = \frac{p_1 \cdot V_H}{R \cdot T_l}$$

erkennen. Die Aufladung (Vorverdichtung) erzeugt eine Erhöhung des Druckes p_1 auf das Niveau p_{1A}. Es besteht damit auch die Möglichkeit den negativen Prozeßanteil der Gaswechselschleife (vergl. Kapitel 2.4.1) durch die Aufladung bis zu einem rechtsumlaufenden Prozeßanteil zu verbessern (vergl. Bild 4.16). Das bedeutet ebenfalls eine Verbesserung des Drehmomentes (Mitteldrucks) durch einen günstigeren Gütegrad η_g.

Durch die Aufladung kann auch eine Verbesserung des effektiven Wirkungsrades η_{eff} erzielt werden. Der größere mittlere Kolbendruck p_e (bzw. indizierte Mitteldruck p_i) wirkt auf den mechanischen Wirkungsgrad η_m positiv, wenngleich die höheren Drücke im Zylinder etwas zur Steigerung des Reibungsdruckes p_r beitragen.

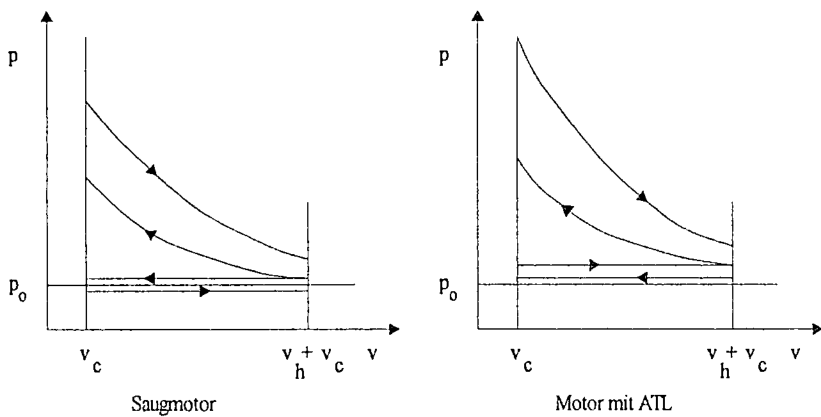

Bild 4.16 Vergleich eines nichtaufgeladenen mit einem aufgeladenen Motor (am Beispiel der Abgasturboaufladung, vereinfachte Darstellung mit Hilfe des Gleichraumprozesses)

Weiterhin beeinflußt die Aufladung die Spüldruckverhältnisse (zwischen Motorein- und Motorauslaß). Es lassen sich gute Spülergebnisse, d.h. Restgasausspülung verbunden mit einem Innenkühlungseffekt und daraus folgend eine Verbesserung des Gütegrades η_g und des Liefergrades λ_L erzielen.

Allerdings geht eine solche Verdichtung immer mit einer Steigerung der Temperatur der Frischladung einher:

$$\frac{m_{zA}}{m_z} = \frac{p_{1A} \cdot T_1}{p_1 \cdot T_{1A}} = \frac{\rho_{FLA}}{\rho_{FL}} \quad .$$

Das bedeutet, eine größere Dichtesteigerung durch Aufladung erfordert eine Ladeluftkühlung. Für die Dichtesteigerung der Frischladung ist außerdem aber auch der Wirkungsgrad für den polytropen Kompressionsvorgang im Verdichter (ist neben dem mechanischen Wirkungsgrad des Verdichters zu berücksichtigen) von Bedeutung.

Die durch die Aufladung erreichbare Verbesserung des effektiven Wirkungsrades η_{eff} bedeutet auch eine mögliche Verbrauchsreduzierung. Dies gilt vor allem für die Abgasturboaufladung. Sie erreicht neben den aufgezeigten Verbesserungen des Gütegrades η_g und des mechanischen Wirkungsgrades η_m auch eine Anhebung des thermischen Wirkungsgrades des vollkommenen Motors η_v durch Nutzung eines Teils der Abgasenergie (Anteil der Verluste der „unvollkommenen Dehnung", vergl. Kapitel 2.2.6 und 4.11.2 „Abgasturboaufladung"). Der günstigere Wirkungsgrad wirkt sich natürlich auch auf den mittleren Kolbendruck positiv aus.

4.11.2 Aufladungsarten

Zur Vorverdichtung der Frischladung bieten sich grundsätzlich die folgenden Arten an:
-    mechanische Aufladung
-    Aufladung mittels Druckschwingungen
-    Abgasturboaufladung (abgekürzt ATL).

Mechanische Aufladung

Der Verdichter wird direkt über Keilriemen, Zahnriemen, Rollenkette oder Zahnräder vom Motor angetrieben (vergl. Bild 4.17). Zur Anwendung als Lader kommen hier z.B. Drehkolbenverdicher (Rootsgebläse), Radialverdichter, Schraubenverdichter, Flügelzellenlader und Spirallader (G-Lader).

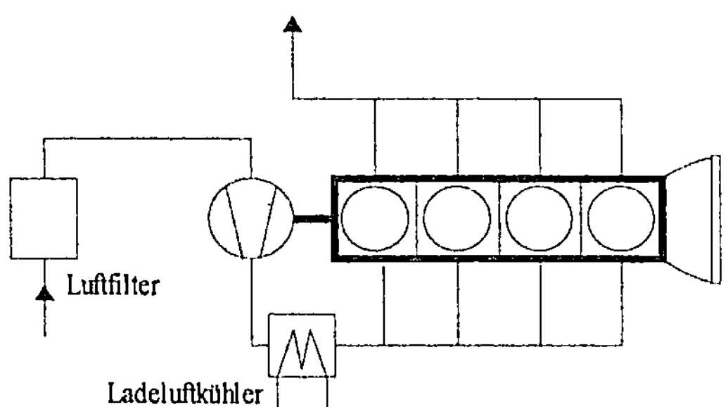

Bild 4.17 Mechanische Aufladung

Die mechanisch angetriebenen Lader stellen mit ihrem raschen Ansprechverhalten in jedem Betriebspunkt des Motors die benötigte Frischladung unmittelbar zur Verfügung. Es ergibt sich damit ein günstiger Drehmomentverlauf auch bei niedrigen Motordrehzahlen (vergl. Bild 4.18). Das schnelle Ansprechverhalten ist bezüglich der Rußproblematik gegenüber dem Abgasturbolader beim Dieselmotor von Vorteil.

Der mechanische Lader stellt die kostengünstigste Lösung zur Aufladung eines Motors dar. Leistungs- und Drehmomentsteigerungen von etwa 50 % sind bei Serienmotoren realisiert. Als entscheidender Nachteil ist der höhere Kraftstoffverbrauch anzuführen, da der mechanische Lader zum Antrieb zusätzlich Arbeit (Leistung) verbraucht. Man kann ungefähr 20 % der erzielten Leistungssteigerung dafür veranschlagen. Weitere Nachteile gegenüber dem Abgasturbolader sind auch, daß der mechanische Lader auf Grund seines Antriebes baulich an einen bestimmten Ort am Motor gebunden ist, sowie der in der Regel größere Bauvolumenbedarf gegenüber dem Abgasturbolader.

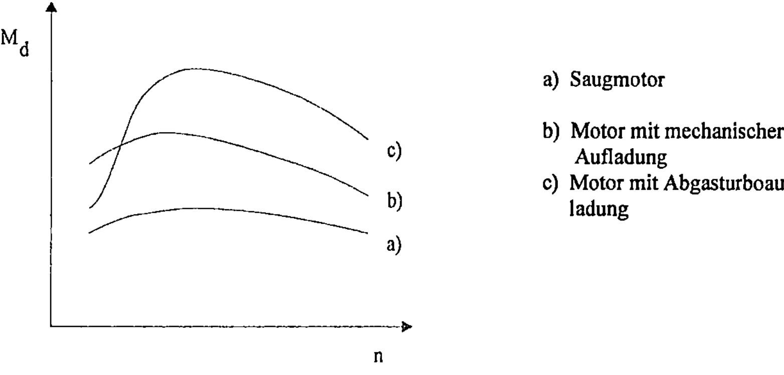

Bild 4.18 Vergleich der Vollastkennlinien

Aufladung mittels Druckschwingungen

Hier sind zunächst die Maßnahmen zur Verbesserung des Ladungswechsels durch Beeinflussung der Gasströmung zwischen dem Einlaß- und Auslaßsystem anzuführen, wie sie in Kapitel 2.4.2 („Einfluß der strömungsmechanischen Widerstände") angesprochen worden sind. Als eigentliches Aufladeverfahren ist aber die Aufladung mit dem Druckwellenlader (Druckwellenmaschine, Comprex-Lader) zu nennen.

Der Lader nutzt die kinetische Energie der schwingenden Abgassäule zur Verdichtung der angesaugten Frischladung. Für diese Druckwellenaufladung strömt das Abgas aus dem Auslaßkanal des Motors (vergl. Bild 4.19) in eine Zelle eines in einem Gehäuse axial angeordneten Flügelrades. Das Flügelrad, vom Motor über einen Keilriemen angetrieben, dreht weiter, so daß dieser Abgasanteil auf der dem Auslaßkanal gegenüberliegenden Gehäusestirnseite reflektiert wird und in der Zelle zurückströmt. Durch die Weiterdrehung des Flügelrades gelangt diese Zelle nun zum eigentlichen Auslaß, der auf der gleichen Gehäuseseite wie der Motorauslaßkanal angeordnet ist. Die Energie des ausströmenden Abgases erzeugt eine Saugwirkung auf die Frischladung, die auf der diesem Auslaß gegenüberliegenden Gehäuseseite durch eine Einlaßöffnung einfließen kann. Im weiteren Verlauf der Flügelraddrehung wird diese Frischladung im direkten Kontakt mit dem Abgas, das aus dem Auslaßkanal des Motors in die Flügelradzelle strömt, verdichtet und bei der weiteren Drehung des Flügelrades in den Einlaßkanal des Motors gedrückt. Der Einlaß des Druckwellenladers und der Einlaßkanal des Motors liegen auf derselben Gehäuseseite.

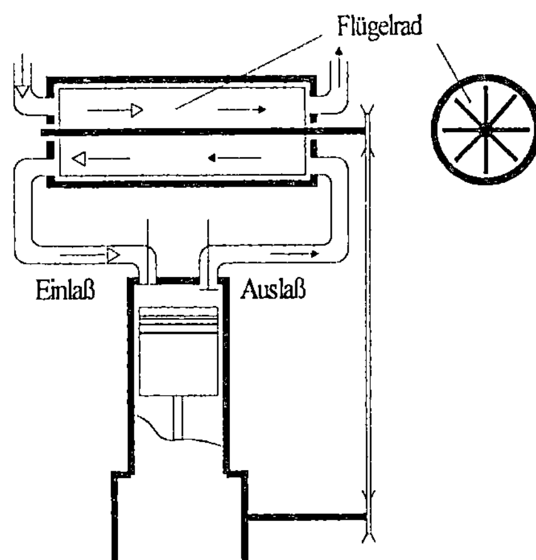

Bild 4.19 Druckwellenlader

Dieser gasdynamische Prozeß, der zunächst wie beschrieben nur im Auslegungspunkt optimal wirkt, wird durch Überlagerung weiterer Druckwellenvorgänge mittels mehrflutiger Auslegung und Reflexionstaschen im Gehäuse auf den gesamten Last- und Drehzahlbereich des Motors erweitert. Das bedeutet aber auch, daß der Lader gegenüber Änderungen des Gegendrucks z.B. durch einen Katalysator oder durch die Drosselung beim Ottomotor empfindlich ist. Aus letzerem Grund ist auch zu erkennen, daß der Druckwellenlader bisher nur beim Dieselmotor eingesetzt wird.

Nachteilig ist der große Raumbedarf für den Druckwellenlader, der größer ist als bei den mechanischen Ladesystemen, und das relativ hohe Gewicht. Auch ist hier, wie beim mechanischen Lader, die räumliche Anordnung am Motor durch den Antrieb festgelegt.

Durch die für die Nutzung der Druckschwingungen erforderliche gleichmäßige Teilung des Flügelrades ergeben sich gewisse zusätzliche Probleme bezüglich Geräuschminderungsmaßnahmen.

Der effektive Wirkungsgrad η_{eff} wird durch den zusätzlichen Leistungsbedarf für den Antrieb des Flügelrades (man spricht von einem Bedarf von etwa 1 % der Motorleistung) etwas vermindert. Allerdings wirkt sich hier förderlich aus, daß ein Teil der sonst ungenutzten Abgasenergie (vergl. Kapitel 2.2.6) für den Verdichtungsvorgang herangezogen wird.

Der Druckwellenlader zeichnet sich wie der mechanische Lader durch eine schnelles Ansprechen (hier mit Schallgeschwindigkeit) bei Änderung des Motorbetriebspunktes aus. Es lassen sich mit diesem Lader schon bei niedrigen Motordrehzahlen hohe Drehmomente, höhere als bei der mechanischen Aufladung, realisieren. Allerdings ist für den Startvorgang der Lader zu umgehen, da sonst Abgas in das Einlaßsystem gelangen kann. Das deutet aber auch auf eine weitere, im Hinblick auf die Abgasproblematik (vergl. Kapitel 5.4.2), positive Eigenschaft des Druckwellenladers hin. Es läßt sich eine Abgasrückführung mit einfachen Mitteln erreichen.

Abgasturboaufladung

Der Abgasturbolader ist der am häufigsten verwendete Lader. Der mit Abgasturboaufladung leistungs-/drehmomentgesteigerte Motor ist eine Verbundmaschine, bestehend aus dem Kolbenmotor und einer Strömungsmaschine, dem Abgasturbolader. Der Abgasturbolader hat ein Gebläse für die Verdichtung der Frischladung und eine Turbine auf derselben Welle, die durch die Abgase des Motors angetrieben wird. Üblich ist die Radialbauweise für Turbine und Verdichter, mit dem Ladedrücke bis zu 6 bar erreicht werden können. Die Abgasturbolader laufen mit Drehzahlen bis zu 150000 min⁻¹. Die aus hochwarmfesten Legierungen (mit hohen Nickelanteilen; Keramiken sind in der Entwicklung, die gleichzeitig das Trägheitsmoment senken) bestehenden Turbinenräder sind im Serienbetrieb Temperaturen bis fast 1000 °C, wenn auch kurzzeitig ausgesetzt. Das Verdichterrad, das thermisch weniger belastet ist, wird aus Leichtmetall gefertigt.

Zu unterscheiden sind die Stau- und Stoßaufladung (vergl. Bild 4.20). Bei der *Stauaufladung (Gleichdruck-)* strömt das Abgas aus dem Verbrennungsraum des Motors zunächst in einen Sammelbehälter (Beruhigungs-), meistens als großvolumige Abgasleitung ausgeführt, bevor es der Turbine zugeführt wird. Die Turbine wird mit weitgehend konstantem Abgasdruck beaufschlagt. Es wird im Prinzip nur die innere Energie des Abgases genutzt, die sich allerdings durch den Abbau der kinetischen Energie im Sammler vergrößert. Die Abgastemperatur kann sich dabei um bis zu 30 % erhöhen.

Wird das Abgas direkt vom Zylinder auf die Turbine geleitet, spricht man von der *Stoßaufladung (Impuls-)*, bei der praktisch zusätzlich die kinetische Energie des Abgases direkt genutzt wird.

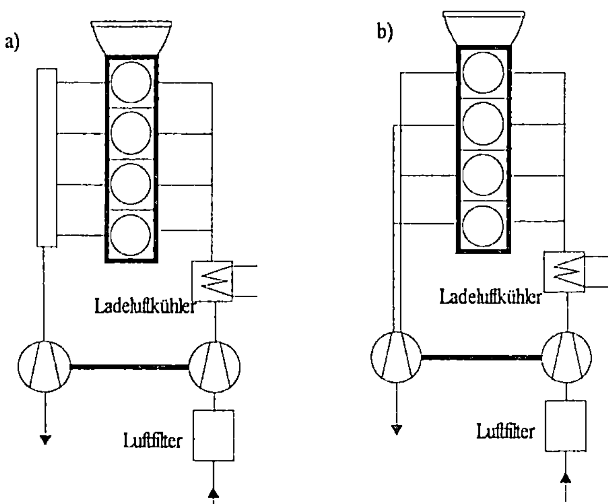

Bild 4.20 Abgasturboaufladung, a) Stau-, b) Stoßaufladung

Daraus ergeben sich gegenüber der Stauaufladung die Vorteile des besseren Beschleunigungsverhaltens und der effektiveren Spülwirkung des Verbrennungsraumes, damit der besseren Innenkühlung. Als Nachteil steht demgegenüber, daß der Wirkungsgrad der Turbine besonders bei hohen Aufladedrücken auf Grund der pulsierenden Beaufschlagung schlechter ist als bei der Stauaufladung. Um die kinetische Energie des Abgases ungestört und vollständig nutzen zu können, müßte man an jeden Zylinder eine Turbine anschließen. Da dies zu aufwendig ist, sind bei Motoren mit größeren Zylinderzahlen getrennte Abgasleitungen der Zylinder, die nicht gleichzeitig ausschieben und sich gegenseitig nicht behindern, an eine Turbine angeschlossen (vergl. Bild 4.20).

Die abgasturboaufgeladenen Fahrzeugmotoren arbeiten allgemein zwischen Stau- und Stoßaufladung.

Gegenüber den bisher angesprochenen Aufladeverfahren hat der Abgasturbolader den entscheidenden Vorteil, daß die sonst ungenutzte Abgasenergie (kinetische und innere Energie), die Energie der „unvollkommenen Dehnung" (vergl. Kapitel 2.2.6), für den Antrieb des Laders zum Teil genutzt wird. Das bedeutet, daß bei dieser Aufladungsart die günstigsten Voraussetzungen zur Verbesserung des effektiven Wirkungsgrades η_{eff} und damit des Kraftstoffverbrauchs gegeben sind.

Es lassen sich, ähnlich wie beim Druckwellenlader, bei Serienmotoren Leistungssteigerungen von ca. 70 % und Drehmomentsteigerungen von ca. 80 % erreichen. Der Abgasturbolader ermöglicht im Vergleich zu den anderen Laderarten ein kleines Leistungsgewicht. Hier konkurriert er aber mit dem mechanischen Lader.

Von Vorteil ist auch, daß beim Abgasturbolader die räumliche Anordnung am Motor innerhalb gewisser Grenzen nicht festgelegt ist. Nicht unerwähnt soll die Dämpfung der Auspuff- und auch der Ansauggeräusche bleiben.

Von Nachteil beim Abgasturbolader ist schlechtes Ansprech- und Drehmomentverhalten im unteren Drehzahlbereich des Motors (das sogenannte „Turboloch", nicht genügend Drehmoment bei kleinen Motordrehzahlen; vergl. Bild 4.18). Der Motor kann der Strömungsmaschine noch nicht ausreichend Abgasenergie zur Verfügung stellen. Bei größeren Turboladern spielt hierbei auch noch das Trägheitsmoment des Laders eine Rolle. Gegen diese Schwäche lassen sich verschiedene Maßnahmen ergreifen, wie z.B. durch:
- Hubraumvergrößerung des Motors;
- Einblasen von Druckluft zum Beschleunigen der Turbine (des Abgasturboladers) aus dem unteren Drehzahlbereich;
- Auslegung des Laders auf den unteren Drehzahlbereich (Lader mit kleinem Turbineneintrittsquerschnitt); das bedeutet, daß man schon bei geringer Abgasenergie einen möglichst hohen Ladedruck, entsprechend hohes Drehmoment erzielen kann; aber bei großen Abgasmengen muß man dann Abgase über einen Bypass vor der Turbine abblasen, um zu hohe Ladedrücke zu vermeiden; die Möglichkeit, den Bypass hinter dem Verdichter auf der Einlaßseite zu installieren, ist ungünstig, da der Lader ständig fördern muß;
- Registeraufladung; dazu werden zwei Lader unterschiedlicher Größe parallelgeschaltet, wobei der kleinere Lader zunächst allein im unteren Drehzahlbereich arbeitet und der zweite Lader ladedruckabhängig für den erweiterten Drehzahlbereich zugeschaltet wird; statt des kleineren Abgasturboladers kann auch ein mechanischer Lader verwendet werden; größere Motoren werden mit Ladergruppen ausgerüstet;
- variable Turbineneinlaßgeometrie z.B. durch verstellbare Leitschaufeln zur Anpassung an das Betriebsverhalten des Motors (der Bypass für das Ablassen der Abgase kann dabei entfallen), wobei auch hier ein kleiner Lader zur Anwendung kommt.

Die Auslegung eines Motors mit Abgasturboaufladung auf große Leistung verlangt einen großen Lader mit großen Massendurchsätzen. Hingegen zielt die

Verwendung eines Laders mit kleinen Turbinenquerschnitten auf eine Auslegung mit hohem Drehmoment bei niedrigeren Drehzahlen und günstigen Kraftstoffverbrauchswerten.

4.11.3 Probleme der Aufladung

Sie werden durch
- die mechanische Festigkeit des Motors, d.h. den Spitzendruck,
- die Kraftstoffart beim Ottomotor (Problem der Klopffestigkeit),
- die thermische Belastbarkeit des Motors (Ventil-, Kolben-, Öltemperatur) und
- das Temperaturverhalten des Arbeitsgases im Hinblick auf den Wirkungsgrad des Vergleichsprozesses η_v (vergl. Kap. 2.3.1 mit 2.3.2) bestimmt.

Die möglichen Maßnahmen, diesen Grenzen der Aufladung zu begegnen, sollen im folgenden getrennt für Otto- und Dieselmotor beschrieben werden. Dabei ist eine Reihe dieser Maßnahmen für beide Gemischbildungsverfahren anwendbar. Die in den Ladern verdichtete Frischladung ist bei Ottomotoren mit Kraftstoffeinspritzung Verbrennungsluft.

Dieselmotor:
Die durch die Aufladung höheren Spitzendrücke ergeben bei den Zylinderkopf-, Ventil-, Kolbenringdichtungen, der Zylinderkopfsteifigkeit und den Lagerungen von Kolben und Kurbelwelle größere Belastungen als beim Saugmotor. Die Entwicklung im Bereich der Konstruktion und der Werkstoffe hat die Grenzen der möglichen Zünddrücke im Laufe der Zeit kontinuierlich zu höheren Werten verschoben. Heute sind Zünddrücke bis zu 140 bar nachgewiesen. Die Vermeidung zu hoher Spitzendrücke (Zünddrücke) läßt sich durch Senken des Verdichtungsverhältnisses des Motors ε und/oder Vergrößerung des Gleichdruckanteils des Prozesses mit Hilfe der Kraftstoffeinspritzung erreichen.

Das durch die Aufladung insgesamt erzielte Verdichtungsverhältnis ε_{ges} setzt sich aus dem konstruktiven Verdichtungsverhältnis ε des Motors und dem Anteil ε_v, erzielt durch den Verdichter, zusammen.

$$\varepsilon_{ges} = \varepsilon \cdot \varepsilon_v \quad . \tag{52}$$

Der Einfluß des Verdichtungsverhältnisses auf das Druckniveau im Zylinder läßt sich aus der Grundgleichung

$$\frac{p_2}{p_1} = \left(\frac{v_1}{v_2}\right)^\kappa = \varepsilon^\kappa \quad \text{erkennen (vergl. auch Kapitel 2.2.1).}$$

Durch die Aufladung (= Vorverdichtung) wird der Anfangsdruck p_1 auf ein höheres Niveau gebracht und damit auch der Verdichtungsenddruck im Motor p_2. Man erzielt in erster Linie eine Dichtesteigerung der Frischladung. Das Gesamtverdichtungsverhältnis wird bei aufgeladenen Motoren, wenn überhaupt nur unwesentlich geändert. Die Verringerung des Motorverdichtungsverhältnisses ε unter Beibehaltung einer größtmöglichen Gesamtverdichtung führt aber beim Dieselmotor zur Verschlechterung der Kaltstartfähigkeit. Hier werden mindestens $\varepsilon =$ 14 gefordert. Auch das Teillastverhalten leidet unter dieser Maßnahme. Der verstärkte Übergang zur Gleichdruckverbrennung setzt eine genaue Kenntnis und Beherrschung der Einspritz- und Gemischbildungsverhältnisse voraus. Der Zünddruck läßt sich dann z.B. durch Zurücknahme des Förderbeginns senken, was aber zu verstärktem Kraftstoffverbrauch und Abgastrübung führt. Dabei hat die „verschleppte" Verbrennung höhere Abgastemperaturen zur Folge, die beim aufgeladenen Motor wegen der im Verdichter erwärmten Verbrennungsluft und des höheren Druckniveaus so schon höher liegen als beim Saugmotor. Die Auslaßventile, Kolbenböden und beim Abgasturbolader die Turbine werden zusätzlich belastet.

Ein Beibehalten des Förderendes und einer verkürzten Einspritzdauer ergeben bessere Bedingungen. Dazu ist eine Abstimmung von Einspritzstrahl (höhere Anforderungen an die Einspritzanlage) und Drallverhältnissen vorzunehmen. Die Beeinflussung der Drallverhältnisse bedeutet eine Anpassung von Einlaßkanal (Zylinderkopf) und Verbrennungsraum, was bei der Umrüstung des Saugmotors zum aufgeladenen Motor grundsätzlich förderlich ist. Auch eine Steuerung des Einspritzverlaufes so, daß zunächst eine geringere Menge, dann erst die Hauptmenge eingespritzt wird, führt zur Minderung der Spitzendrücke (vergl. Kapitel 4.8.3). Die Vergrößerung des Gleichdruckanteils durch eine Erhöhung der Luftverhältniszahl λ wirkt sich auf eine gewünschte Drehmomenterhöhung mindernd aus.

Den durch die Aufladung höheren thermischen Belastungen läßt sich durch gezielte Kolben- und Ventilkühlung, zusätzliche Ölkühler, mit der Innenkühlung durch Spülen des Verbrennungsraumes mit Hilfe der Ventilüberschneidung und Ausnutzung des positiven Druckgefälles zwischen Ein- und Auslaß des Motors begegnen. Anzuführen ist hier auf jeden Fall die Ladeluftkühlung, die in der Regel bei Motoren mit Ladedrücken von etwa 1,8 bar (absolut) und mehr eingesetzt wird. Neben der Schonung des Materials haben Innenkühlung und besonders die Ladeluftkühlung den weiteren Vorteil der zusätzlichen Leistungs- bzw. Drehmomentsteigerung, da der Liefergrad λ_L durch die mit der Kühlung verbundenen Dichtesteigerung verbessert wird (vergl. Kapitel 4.11.1). Außerdem wird der Verbrennungsablauf positiv beeinflußt, so daß effektiver Wirkungsgrad η_{eff} und spezifischer Kraftstoffverbrauch b_e günstiger werden. Dies unterstützt die

Forderung, daß die Aufladung als Maßnahme zur Leistungs- und Drehmoment-steigerung nur dann akzeptabel sein kann, wenn gegenüber dem Saugmotor der effektive Wirkungsgrad η_{eff} und damit der spezifische Kraftstoffverbrauch b_e zumindest gleich sind.

Die oben angeführten Verbesserungen des effektiven Wirkungsgrades η_{eff} über-wiegen die negativen Einflüsse des Temperaturverhaltens des Arbeitsgases auf den Wirkungsgrad η_v (vergl. Gleichung (32)).

Ottomotor:
Hier wird die Grenze für die hohen Drücke und Temperaturen nicht so sehr durch die mechanische Festigkeit des Motors bestimmt als vielmehr durch die Klopffe-stigkeit des Kraftstoffes (vergl. Kapitel 4.8.4). Deshalb werden die aufgeladenen Motoren fast ausschließlich mit den sogenannten Superkraftstoffen betrieben und das Gesamtverdichtungsverhältnis ε_{ges} auf die für die Saugmotoren üblichen Werte begrenzt (etwa bis $\varepsilon_{ges} = 12$). Dazu wird das konstruktive Verdichtungs-verhältnis des Motors ε gegenüber dem Saugmotor gesenkt, um entsprechende Ladedrücke verwirklichen zu können. Hier wirken sich eine Anpassung von Einlaßsystem und Verbrennungsraum einschließlich der Lage der Zündkerze und vollelektronischer Zündung mit Klopfregelung günstig aus.

Eine Vergrößerung des Gleichdruckanteils des Prozesses wie beim Dieselmotor ist hier nur mit einer Direkteinspritzung, aber auch innerhalb gewisser Grenzen durch einen späteren Zündzeitpunkt denkbar. Eine Regelung über die Luftver-hältniszahl λ ist wegen der engen Zündgrenzen und besonders bei Motoren mit Katalysator und Lambda-Sonde nicht möglich.

Die für den Dieselmotor aufgezeigten Maßnahmen mittels Ladeluft- und Innen-kühlung zur Temperatursenkung gelten grundsätzlich auch für den Ottomotor. Auch ist hier die Anpassung von Einlaßsystem und Verbrennungsraum für den aufgeladenen Motor erforderlich.

Die im Kapitel 4.11.2 aufgeführte Regelung des Abgasturboladers mit Hilfe va-riabler Turbinengeometrie ist beim Ottomotor wegen der hohen Abgastemperatu-ren von bis zu etwa 1000 °C schwer anwendbar. Beim Dieselmotor entstehen Abgastemperaturen bis etwa 700 °C (vergl. Kapitel 1.5).

Die Gemischbildung mit Vergasern im Zusammenhang mit der Abgasturboaufla-dung ist unzweckmäßig, da mit diesen eine exakte Kraftstoffzumessung zur zuge-führten Verbrennungsluft nur mit erheblichem Aufwand möglich ist. Das aber läßt die Beschaffungskosten auf das Niveau der Benzineinspritzung und darüber klettern. Die Kraftstoffzufuhr erfolgt nach dem Verdichter. Vor dem Verdichter fördert sie zwar die Kühlung der Verbrennungsluft, führt aber besonders in der Kaltlaufphase zum Auszentrifugieren des Kraftstoffs.

5 Abgasproblematik

Das Kraftfahrzeug trägt mit seinem Abgasen nicht unerheblich zur Belastung der Umwelt bei, dies vor allem in den Ballungsgebieten mit hoher Kraftfahrzeugdichte. Um die Gesundheitsschädigung durch die Schadstoffemissionen einzudämmen, wurden zunächst in den USA und später auch in Deutschland, Japan und der Europäischen Union Vorschriften mit Prüfverfahren, Meßgeräten und Grenzwerten für die einzelnen Schadstoffe erlassen.

In Deutschland gelten dazu vor allem die Richtlinien der Europäischen Union, daneben die Straßenverkehrszulassungsordnung (StVZO) und die Richtlinien der europäischen Staaten in den Vereinten Nationen (ECE-Richtlinien), sofern letztere von der Bundesrepublik anerkannt worden sind.

5.1 Schadstoffe und ihre Wirkungen

In der Atmosphäre befinden sich besonders folgende Schadstoffe: Partikel (Feststoffe wie Staub, Ruß, Asche), Schwefeloxide, Stickoxide, Kohlenmonoxid, Kohlendioxid, unverbrannte und teilverbrannte Kohlenwasserstoffe.

Die Schadstoffe in den Abgasen des Ottomotors sind dabei vor allem Kohlenmonoxid (CO), Kohlendioxid (CO_2), Kohlenwasserstoffe (C_nH_m) und Stickoxide (NO_x). Bei älteren Fahrzeugen mit Ottomotoren, die wegen der Klopfgefahr und der Standfestigkeit der Ventile mit Bleitetraethyl und - methyl versetzten Kraftstoffen betankt wurden, enthielten die Abgase auch noch Bleioxide. Die Bleiverbindungen waren preiswerte Additive zur Erhöhung der Klopffestigkeit des Kraftstoffs.

Der Dieselmotor stößt ebenfalls diese Schadstoffbestandteile (außer Bleioxide) aus, wenn auch in geringerem Maße. Darüber hinaus hat er in seinen Abgasen auch noch Anteile an Schwefeldioxid (SO_2) und einen höheren Partikelausstoß.

Die Wirkung der angesprochenen (wichtigsten) Schadstoffe des Verbrennungsmotors sollen im folgenden kurz aufgezeigt werden:

Kohlenmonoxid CO:	- farb-, geruchloses Gas - verbindet sich mit dem Hämoglobin im Blut und verdrängt den Sauerstoff - führt zur Ermüdung, Erstickung;

Kohlendioxid CO_2:	- farb-, geruchloses, ungiftiges Gas - unterstützt den sogenannten Treibhauseffekt, wenn es wegen zu großen Mengen nicht mehr von den Pflanzen abgebaut werden kann;
Stickoxide NO_x:	- unterstützen den sogenannten Treibhauseffekt - als NO farb-, geruchloses Gas, das bei Anwesenheit von Sauerstoff zu NO_2 oxidiert; - als NO_2 rötlich-braunes Gas mit stechendem Geruch; reizt die Schleimhäute; Blutgift; kann in großen Mengen auch tödlich wirken - Smog-Bildner in Verbindung mit der Sonneneinstrahlung;
Kohlenwasserstoffe C_nH_m:	- viele verschiedenartige Verbindungen - reizen teilweise die Schleimhäute; zeigen narkotische Wirkung; gelten zum Teil als Blutgifte; vor allem die polyzyklischen Kohlenwasserstoffe (Aromaten) gelten zum Teil als krebserregend - nicht geruchlose Gase, wobei die Aldehyde (teilverbrannte Kohlenwasserstoffe), die besonders beim Dieselmotor ausgestoßen werden, stechend riechen und zu Atembeschwerden führen können - beeinflussen abhängig von der Bebauung und vom Klima die Smogbildung und bilden bei Sonneneinstrahlung mit NO_x schleimhautreizende Verbindungen (Oxidantien);
Schwefeldioxid SO_2:	- entsteht aus dem Schwefelanteil vor allem des Dieselkraftstoffes - farbloses Gas mit stechendem Geruch, Geschmack sauer - reizt die Schleimhäute, führt zu Atembeschwerden - verantwortlich für den sauren Regen;
Ruß:	- Feststoffteilchen in mikroskopischer Größe, zum großen Teil Kohlenstoff; vor allem im Abgas des Dieselmotors - gilt selbst nicht als gesundheitsschädlich, aber als Träger für lungengängige Giftstoffe (z.B. polyzyklische Kohlenwasserstoffe);

| Bleioxide PbO_x: | - starkes Zellgift, führt zu Ablagerungen und zur Zersetzung des Kalziums im Knochensystem. |

5.2 Entstehungsursachen

Zur Beurteilung der Abgasemissionen werden diese als Gesamtemissionen gemessen in Raumteilen (in ppm: parts per million bzw. Vol %) oder bei den Abgastests nach den US- oder europäischen Vorschriften bezogen auf die zurückgelegte Fahrstrecke (in g/km, g/Test, g/miles).

Die Konzentration der Schadstoffe in den Abgasen wird vor allem durch die Luftverhältniszahl λ bestimmt, wie aus der Bild 5.1 für den Viertakt-Ottomotor ersichtlich ist. Der herkömmliche Zweitaktmotor zeigt hier wegen seiner gemischbildungstechnischen Probleme ein ungünstigeres Verhalten.

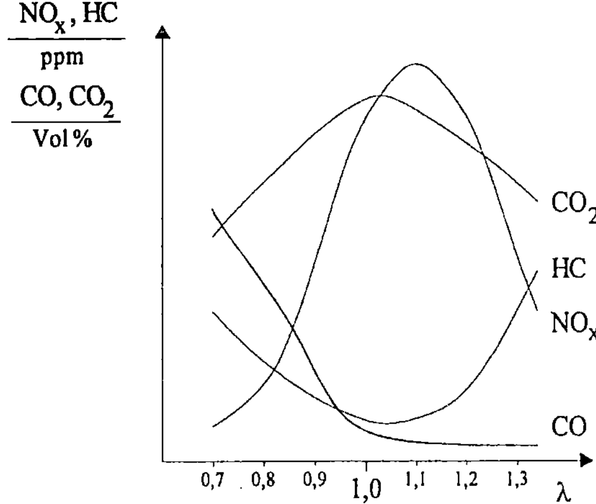

Bild 5.1 Schadstoffkonzentrationen des Ottomotors

In der Bild 5.2 ist der Schadstoffverlauf für den Viertakt-Dieselmotor (mit dem herkömmlichen direkten Einspritzverfahren, ohne die in Kapitel 4.8.3 angeführte Hochdruckeinspritzung) dargestellt.

Bei der vollständigen Verbrennung entstehen Kohlendioxid CO_2 und Wasser H_2O. Das für den Treibhauseffekt mitverantwortliche Kohlendioxid läßt sich also nicht umgehen, wohl aber indirekt mit dem Kraftstoffverbrauch verringern. Die anderen oben angeführten Schadstoffe entstehen bei der im realen Motor unvollkommen ablaufenden Verbrennung.

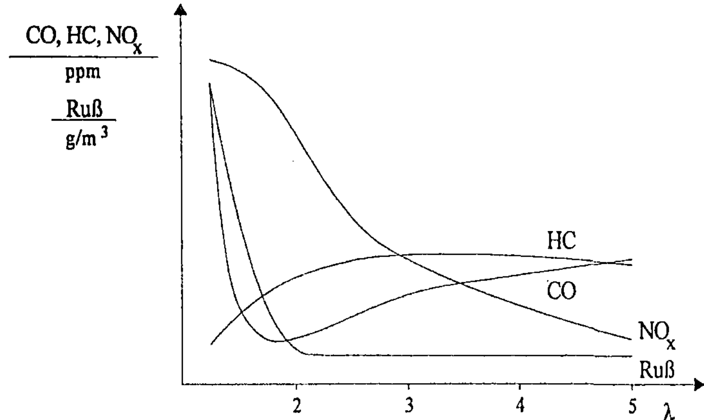

Bild 5.2 Schadstoffkonzentrationen des Dieselmotors (mit Direkteinspritzung)

Die Schadstoffe im einzelnen:

Kohlenmonoxid CO:

CO entsteht bei unvollständiger Verbrennung durch Luftmangel, d.h. beim Ottomotor im Betrieb mit fettem Gemisch. Dabei ist die CO-Konzentration während der Verbrennung am höchsten und sinkt zunächst in der Expansionsphase durch die weitere Oxidation zu CO_2 entsprechend der Wassergasgleichung. Diese Reaktion wird aber mit den bei der Expansion sinkenden Temperaturen langsamer, so daß auch CO den Zylinder verläßt. Bei dem stöchiometrischen Luftverhältnis $\lambda = 1$ trägt die Dissoziation von CO_2 mit zur CO-Emission bei.

Beim Dieselmotor führt die Inhomogenität des Kraftstoffluftgemisches im Zylinder zu örtlicher Überfettung, also Luftmangel. Der Dieselmotor hat durch seinen Betrieb im Bereich des Luftüberschusses ein niedrigeres CO-Niveau als der Ottomotor.

Stickoxide NO_x:

Die Stickoxide nehmen mit der Verbrennungstemperatur und dem -druck zu, wobei Sauerstoff entsprechend zur Verfügung stehen muß. Diese Konstellation stellt sich beim Ottomotor bei einer Luftverhältniszahl λ von ungefähr 1,1 ein, etwa auch dort, wo der beste effektive Wirkungsgrad und der günstigste spezifische Kraftstoffverbrauch erzielt werden. Auch beim Dieselmotor ist die Stickoxidkonzentration entsprechend etwas oberhalb $\lambda = 1$ (bei Motorvollast) am größten. Beim Ottomotor ist es vor allem Stickstoffmonoxid NO, während beim Dieselmotor auch Stickstoffdioxid NO_2 eine Rolle spielt.

Kohlenwasserstoffe HC:

> Sie entstehen in Zonen, die nicht von der Verbrennung erfaßt werden können, aber auch bei unvollständiger Verbrennung, d.h. bei Luftmangel oder bei zu niedrigen Temperaturen in Wandnähe, die zum Erlöschen der Flammen führen (Quench-Effekte); weiterhin durch die Innenkühlung des fetten Gemisches des Ottomotors, die eine Verbrennung an der unteren Zündgrenze gänzlich unmöglich macht. Ähnlich sind die Verhältnisse beim auf die Wand auftreffenden, fetten Kraftstoffstrahl des Dieselmotors.

> Bei magerem Gemisch kann die Verbrennung durch die zu geringe Verbrennungsenergie zum Erliegen kommen. Auch Verbrennungsunterbrechungen durch ein Verwehen des Gemisches sind möglich, wobei Gemischinhomogenitäten und kleine Verbrennungsgeschwindigkeiten (mageres Gemisch) diesen Effekt unterstützen. Die Aldehyde entstehen vor allem in der Warmlaufphase.

Ruß:

> Er entsteht letztendlich durch unvollständige Verbrennung bei starkem Luftmangel, wie er bei der inhomogenen Gemischbildung beim Dieselmotor örtlich möglich ist (Cracken, vergl. Kapitel 4.2). Die Gefahr dieses thermischen Crackens besteht besonders, wenn Kraftstoff in die Flamme gespritzt wird.

> Ruß macht ca. 70 bis 90 % der *Partikelemissionen* des Dieselmotors aus. Dazu zählen unter anderem auch sublimierte, kristallisierte und kondensierte Kohlenwasserstoffe, Aschen aus Additiven aber auch Rostpartikel und Wasser. Bei Ottomotoren sind die Partikelemissionen vernachlässigbar klein.

Bleioxide PbO_x:

> Sie sind kraftstoffabhängig und entstehen aus den zur Steigerung der Klopffestigkeit dem Ottokraftstoff beigegebenen Bleiverbindungen. Die Bleioxide sind bei der Verwendung der sogenannten bleifreien Kraftstoffsorten nicht mehr im Abgas meßbar.

Schwefeldioxid SO_2:

> Schwefeldioxid ist ebenfalls kraftstoffabhängig. Da Schwefel im Ottokraftstoff nur in sehr geringen Mengen (weniger als 0,1 %) vorhanden ist, spielt SO_2 beim Abgas des Ottomotors keine Rolle. Beim Dieselkraftstoff liegt ein Schwefelanteil dagegen bis zu 0,5 % vor.

5.3 Auswirkungen verschiedener Betriebszustände

Bezüglich des Abgasverhaltens zeigt der Verbrennungsmotor im Kraftfahrzeug wegen der instationären Betriebsweise die größten Probleme. Hier sollen die Situationen aufgezeigt werden, die den Schadstoffausstoß negativ beeinflussen.

Der *Kaltstart* und die Kaltlaufphase bis zum Erreichen der Betriebstemperatur zeigen vor allem beim Ottomotor die größten Ausstoßwerte bezüglich der CO- und HC-Konzentrationen, während die Stickoxide auf vergleichsweise niedrigem Niveau liegen. Die Ursachen liegen in den niedrigen Temperaturen, auch Bauteiltemperaturen, die zu einer nicht ausreichenden Menge verdampften Kraftstoffes im Zylinder führen. Die Frischladung muß deshalb überfettet werden. Damit kommt es wegen des kalten Motors zu den oben geschilderten Quench-Effekten und zu geringem Sauerstoffanteil. Zusätzlich wird ein Teil des Kraftstoffes erst nach der Verbrennung an den Brennraumwandungen abgedampft und gelangt unverbrannt in den Auspuff. Hier kann die Benzin-Direkteinspritzung hilfreich sein. Mit zunehmender Betriebswärme werden der CO- und HC-Ausststoß dann geringer, während der Stickoxidanteil zunimmt.

Beim Dieselmotor mit seiner Einspritzung des Kraftstoffs in den Zylinder sind die Probleme geringer. Es spielt der auf die kalten Brennraumwände gelangende Kraftstoffanteil, der für die Verbrennung nicht rechtzeitig verdampfen kann, eine Rolle. Dieser und der Quench-Effekt bewirken den beim Kaltstart erhöhten HC-Ausstoß (Weißrauch), der mit steigender Betriebstemperatur schnell abnimmt.

Beschleunigungsvorgänge sind bei Ottomotoren wesentlich, wenn sie mit Vergasern mit Beschleunigungssystem bestückt sind. Während der Beschleunigungsphase wird das Gemisch mit zusätzlichem Kraftstoff angereichert, was den CO-, HC- und auch den NO_x-Anteil im Abgas erhöht. Letzterer ensteht durch den mit dem Mehr an Kraftstoff höheren Druck und höhere Temperatur im Zylinder.

Beim Dieselmotor werden vor allem beim abgasturboaufgeladenen Motor in der Beschleunigungsphase höhere Schadstoffwerte ausgestoßen. Der Abgasturbolader kann aufgrund seiner eigenen Trägheit und momentan mangelnder Abgasmenge nicht genügend Luft in die Zylinder liefern, so daß von der Einspritzpumpe nun im Verhältnis zu viel Kraftstoff eingespritzt wird. Das hat einen höheren HC- und Rußausstoß (Cracken) zur Folge, wenn dem nicht mit einer ladedruckabhängigen Regelung begegnet werden kann.

Im *Schiebebetrieb,* d.h. in Gefällestrecken und bei geschlossener Drosselklappe (Leerlaufstellung) zeigt der Ottomotor ohne zusätzliche Maßnahmen einen erhöhten HC- und CO-Ausstoß. Das bedeutet, der Motor läuft mit überfettetem Gemisch. Das erhält er durch den (durch den Unterdruck) von den Saugrohrwänden verdampfenden Kraftstoffilm und den Kraftstoff aus dem Leerlaufsystem. Der Dieselmotor zeigt in diesem Betriebszustand keine Auffälligkeiten.

5.4 Möglichkeiten der Schadstoffreduzierung

Diese Möglichkeiten lassen sich zwei Gruppen zuordnen, wobei festzustellen ist, daß sie zum Teil einander zuwiderlaufen. Die Maßnahmen zielen alle miteinander nicht unmittelbar auf den Ausstoß von CO_2, der, wie gesagt, durch eine Minderung des Kraftstoffverbrauches gesenkt werden kann.

5.4.1 Äußere Maßnahmen

Darunter sind die Maßnahmen zu verstehen, die erst nach dem Auslaßventil eingesetzt werden. Hier sollen diese Maßnahmen nur aufgezählt werden. Es sind dies alle Formen der thermischen Nachreaktionen mit und ohne Zugabe von Sekundärluft und die Katalysatoren zur Nachoxidation der CO- und HC-Anteile und der Reduktion der NO_x-Anteile im Abgas. Da bei der Reduktion der Stickoxide Amoniakanteile entstehen, wird hierfür ein zusätzlicher Oxidationskatalysator erforderlich. Der Dreiwege-Katalysator übernimmt alle diese Funktionen. Für den Dieselmotor kann noch der Rußfilter angeführt werden.

Diese Maßnahmen beeinflussen aber auch das Betriebsverhalten des Motors. So ist es für die Nachreaktion günstig, die Verbrennung etwas zu verschleppen (Vergrößerung des Gleichdruckanteils). Der Katalysator erhöht den Abgasgegendruck und benötigt zum Betrieb die Regelung der Luftverhältniszahl auf den Wert $\lambda = 1$. Das alles führt aber, wenn auch zu einer geringen (ca. bis zu 2 bis 4 %) Verschlechterung des Wirkungsgrades η_{eff} und damit zu einer Erhöhung des Kraftstoffverbrauches.

Bevor man aber die äußeren Maßnahmen einsetzt, sind zunächst die Möglichkeiten der inneren Maßnahmen zu ergreifen und zu optimieren.

5.4.2 Innere Maßnahmen

Diese Maßnahmen sollen gezielt in die Gemischbildung und -verteilung eingreifen, um eine gesteuerte und möglichst vollständige Verbrennung zu erreichen. Dabei ist die Unterstützung durch die elektronische Regelung des Motormanagements unumgänglich.

Beeinflussung der Gemischzusammensetzung

Den größten Einfluß auf den Schadstoffausstoß erreicht man durch die Zusammensetzung des Gemisches, d.h. durch die Größe der Luftverhältniszahl λ (vergl. Bild 5.1 und 5.2).

Betrachtet man zunächst das Diagramm für den *Ottomotor* (Bild 5.1), das für die Parameter konstante Last (entsprechend Drosselklappenstellung) und konstante Motordrehzahl gilt, so erkennt man die Schwierigkeiten der gleichzeitigen Verringerung der Schadstoffkomponenten. Dies ist unter dem Aspekt einer wünschenswerten, gleichzeitigen Minimierung des Kraftstoffverbrauches zu sehen, der etwa im Bereich $\lambda = 1{,}05$ bis $1{,}1$ erreicht wird (vergl. Kapitel 4.3).

Die Forderungen nach niedrigem Kraftstoffverbrauch und niedrigem Ausstoß der CO-, CO_2 und HC-Anteile, die sich mit der Einstellung der Kraftstoffzufuhr (Vergaser oder Einspritzung) realisieren lassen, ergeben aber einen erhöhten Ausstoß von NO_x. Diese Problemstellung ließe sich, wie aus dem Diagramm ersichtlich ist, durch eine Gemischverarmung, d.h. durch eine Gemischzusammensetzung mit Luftverhältniszahlen $\lambda > 1$ lösen. Allerdings läßt sich ein Motor mit ottomotorischer Verbrennung aussetzerfrei nur in dem Bereich etwa $0{,}8 < \lambda <$ $1{,}2$ betreiben. Aussetzer ergeben außerdem einen erhöhten HC-Anteil im Abgas. Das bedeutet, es bedarf für diesen Betriebsbereich - Magerbetrieb - zusätzlicher Maßnahmen. Das ist z.B. die gezielte Gemischverwirbelung mit einer gesteuerten/geregelten Gemischschichtung (Schichtladung), um mit „fettem" Gemisch an der Zündkerze die Verbrennung beginnen zu können. Außerdem ist hierbei zu beachten, daß der mittlere Kolbendruck (effektive Mitteldruck) p_e mit steigender Luftverhältniszahl λ abnimmt, da der Gemischheizwert H_G verringert wird.

Das Ziel der Minimierung der ausgestoßenen Schadstoffe erfordert eine sehr genaue Einstellung und Einhaltung der Gemischzusammensetzung, was mit sogenannten Präzisionsvergasern mit engen Fertigungstoleranzen und vor allem aber mit Kraftstoffeinspritzungen erreicht werden kann. Letztere wirken nicht mehr direkt mittels der trägen Steuerung durch die Drosselklappe auf die Gemischzusammensetzung sondern über Sensoren für die angesaugte Luftmenge oder -masse.

Daneben werden im Bereich der Kraftstoffzufuhr besonders bei Betrieb mit Vergasern Luft- und Gemischvorwärmung zur Verbesserung der Kraftstoffverdampfung und damit der Gemischaufbereitung und -verteilung für den Kaltstart und Kaltlaufbetrieb verwendet. Auch Maßnahmen gegen die Überfettung im Schiebebetrieb durch Drosselklappenschließdämpfer oder besser noch elektronisch gesteuerte/geregelte Betätigung der Drosselklappe seien hier angemerkt. Weiterhin ist die Schubabschaltung zu erwähnen.

In der Entwicklung befinden sich Systeme, die die Verbrennungsgeschwindigkeit beeinflussen. Beim Ottomotor bewegt sich im Verbrennungsverlauf, ausgelöst durch die Zündkerze, eine Flammfront durch das Gemisch im Verbrennungsraum (beim *Dieselmotor* vereinfacht: das Gemisch bewegt sich durch die Flammfront). Dabei reicht ähnlich wie beim Dieselmotor auch beim Ottomotor die Zeit für eine vollständige Verbrennung im Verbrennungsraum nicht aus, und Schadstoffe entstehen. Man versucht deshalb eine turbulente Strahlverbrennung zu erreichen, die den Verbrennungsraum insgesamt schneller erfaßt (vergl. Zielsetzung der „Mehrfachzündung" Kapitel 4.8.4). Dazu ist aber eine gesteuerte Gemischbildung/-verwirbelung vor Verbrennungsbeginn erforderlich, um sich einerseits dem Ziel der vollständigen Verbrennung anzunähern und andererseits keine zu hohen Drücke und Drucksteigerungsgeschwindigkeiten während der Verbrennung zu erhalten. Hier hilft auch eine Abgasrückführung druck- und temperaturmindernd. Die schnellere Verbrennung läßt auch ein Magerkonzept zu.

Weiterhin wird das Schichtlade-/Magerprinzip (es bietet sich auch beim Zweitaktmotor an) dahingehend untersucht, daß man (bei entsprechender Brennraumform) die Motorlast über die Zusammensetzung der im Zylinder verbleibenden Abgase und der zugeführten Frischladungsmenge steuert. Es wird entsprechend der gewünschten Last Abgas ausgestoßen und demgemäß mit Frischladung der Verbrennungsraum wieder „aufgefüllt". Dazu bedarf es nicht mehr der Füllungsregelung (mittels Drosselklappe) sondern der Gemischregelung über die Steuerorgane (vergl. Kapitel 2.4.1) und möglicher Optimierung der Gemischbildung besonders durch die direkte Einspritzung des Kraftstoffs (vergl. Kapitel 4.8.3). Die Wirkungsgradverbesserung durch das Magerkonzept wird dann zusätzlich erheblich durch die entfallenden Drosselverluste unterstützt (vergl. Kapitel 2.4.2).

Die Schadstoffwerte des *Dieselmotors* machen etwa nur ein Viertel und weniger der Schadstoffkonzentrationen des Ottomotors ohne Abgasreinigungsysteme aus. Sie sind hier einschließlich des ausgestoßenen Rußes (vergl. Bild 5.2) im Bereich kleiner Luftverhältniszahlen λ (bei Motorvollast) am größten. Hier muß man den Schadstoffausstoß durch die Regelung der eingespritzten Kraftstoffmenge beeinflussen, was mit zu dem für den Dieselmotor gegenüber dem Ottomotor typischen geringeren mittleren Kolbendruck p_e und zu der Begrenzung der Höchstleistung führt. Weiterhin können die Gemischaufbereitung und damit die Gemischverteilung im Verbrennungsraum durch den Einspritzverlauf, -düsen und -druck gesteuert bzw. geregelt werden.

Innermotorische Maßnahmen

Ottomotor:
Die meisten Möglichkeiten, den Verbrennungsablauf und damit den Schadstoffausstoß zu beeinflussen, bietet die *Gestaltung des Brennraumes und des Einlaßsystems.*
Der Brennraum soll kompakt ausgeführt werden, d.h. wegen der geringeren Kühlverluste ein kleines Oberflächen/Volumenverhältnis und möglichst keine gekühlten Spalten und Ecken haben. Diese werden von der Gemischbewegung nicht oder nur mangelhaft erreicht und fördern den Quench-Effekt und damit die CO- und vor allem die HC-Anteile im Abgas. Hier greift z.B. auch die Verwendung von sogenannten Kohlenstoffkolben, die engere Toleranzen, engeres Spiel

zur Zylinderwandung erlauben und so den Quench-Effekt im Spalt zwischen Zylinderwand und Kolben im Bereich des Kolbenbodens (Feuersteges) minimieren helfen. Allerdings können Quetschströmungen, die während der Kaltlaufphase der Gefahr des Quench-Effektes unterliegen können, dazu beitragen, die gekühlten Wandschichten mit den heißeren Gasanteilen im Zylinder vermischen zu helfen.

Die Gemischverwirbelung kann auch durch die Auslegung des Ansaugsystems mittels Drall gefördert werden. Der Einlaßdrall kann durch den Einfluß der Fliehkraft zudem eine Gemischschichtung in kraftstoffreiche Zonen und solche mit hohem Luftüberschuß bewirken. Das trägt zu einer Minderung der NO_x-Anteile im Abgas bei, da in den Zonen wegen der Abhängigkeit von den vorhandenen Lufverhältniszahlen die Verbrennung insgesamt weniger NO_x-Anteile bewirkt als bei einem entsprechend homogenen Gemisch. Gezielt machen davon Schichtlademotoren Gebrauch. Die Gemischschichtung hilft auch - wie oben erwähnt - bei den sogenannten Magermotoren, indem die Verbrennung in dem zündkerzennahen, fetten Gemischzonen beginnt und die Verwirbelung die weitere Verbrennung des Restgemisches unterstützt. Auf die Gefahr, daß eine zu starke Verwirbelung besonders in der Kaltlaufphase und bei mageren Gemischanteilen die Verbrennung zerreißen (verwehen) kann, muß auch hingewiesen werden. Außerdem bewirkt ein Dralleinlaß bei höheren Motordrehzahlen eine Senkung des Liefergrades λ_L (vergl. Kapitel 2.4.2).

Auch große *Ventilüberschneidungen* können beim Ottomotor zu einer Reduzierung besonders des HC- und NO_x-Ausstoßes beitragen. Während des Ladungswechsels können Restgase in den Ansaugtrakt zurückströmen bzw. aus dem Abgastrakt wieder in den Zylinder zurückgesaugt werden. Dies kommt einer Abgasrückführung gleich.

Die teilweise Rückführung des Abgases (*Abgasrückführung*) beim Ottomotor nach dem Auslaß wieder in das Einlaßsystem führt durch den dann im Zylinder befindlichen höheren Restgasanteil zu einer Minderung der Frischladungsmenge (Gemisch-). Dadurch wird eine Absenkung der Verbrennungstemperatur, eine Voraussetzung für eine Verringerung des NO_x-Anteils im Abgas erreicht. Diese Maßnahme bietet sich im Teillastbereich an. Bei Vollast ist sie wegen der damit verbundenen Leistungseinbußen und Kraftstoffverbrauchserhöhung weniger wünschenswert. Im Leerlauf führt sie vermehrt zu Aussetzern. Es ist eine lastabhängige Steuerung/Regelung erforderlich.

Eine konstruktive Maßnahme zur Verbesserung des effektiven Wirkungsrades η_{eff} und damit des Kraftstoffverbrauches ist die Erhöhung des *Verdichtungsverhältnisses* ε. Damit verbunden ist aber auch die den NO_x-Ausstoß fördernde Temperaturerhöhung im Brennraum. Wegen des Kraftstoffverbrauchs sollte man aber auf eine entsprechende Verkleinerung des Verdichtungsverhältnisses verzichten.

Die Herabsetzung des Temperaturniveaus im Zylinder, um die NO_x-Anteile zu verringern, erreicht man auch mit Hilfe der Verstellung des *Zündzeitpunktes* des Ottomotors in Richtung „spät". Durch diese Maßnahme wird die Verbrennung quasi verschleppt, die Abgastemperaturen steigen, was eine Nachverbrennung nach dem Auslaß fördert und die CO- und HC-Anteile senkt. Da der späte Zündzeitpunkt den Wirkungsgrad η_{eff} und den Kraftstoffverbrauch verschlechtert, wird er vor allem im Leerlauf- und Schiebebetrieb und bei Einsatz der *Nachverbrennung* angewandt.

Dieselmotor:
Hier spielt das *Einspritzverfahren* (vergl. Kapitel 4.8.3) eine entscheidende Rolle. Grundsätzlich kann auch hier der Schadstoffausstoß durch die *Brennraumform* und die Brennraumtemperatur günstig beeinflußt werden. Die Brennraumgestaltung der Dieseleinspritzverfahren wirkt sich besonders auf den NO_x-Anteil des Abgases aus. Die Kammermotoren (Vor-, Wirbelkammer) weisen verbesserte Schadstoff-, vor allem NO_x-Werte gegenüber dem Direkteinspritzverfahren auf. Dies wird durch den unterteilten Brennraum und die daraus folgende intensivere Mischung der Ladungsanteile beim Überströmen von der Kammer in den Hauptbrennraum bewirkt. Unterstützt wird dies auch noch durch den dadurch verlängerten Verbrennungsablauf, verbunden mit einem niedrigeren Temperaturniveau. Bei den Dieselmotoren mit Direkteinspritzung wirkt sich eine verbesserte Gemischbildung durch einen Dralleinlaß und Hochdruckeinspritzung auf die Schadstoffemission positiv aus. Der negative Einfluß auf den Liefergrad bei höheren Motordrehzahlen ist allerdings zu beachten (vergl. Kapitel 2.4.2).

Mit einer lastabhängig elektronisch geregelte *Abgasrückführung* lassen sich beim Dieselmotor die Absenkung der Stickoxid- und Pratikelemissionen erreichen. Eine ungeregelte Abgasrückführung führt zu Nachteilen bei den Kohlenwasserstoff- und Partikelemissionen. Auch hier hebt die Abgasrückführung den Kraftstoffverbrauch an und senkt die Leistung.

Der Veränderung des *Verdichtungsverhältnisses* ε sind beim Dieselmotor besonders wegen der erforderlichen Kaltstartfähigkeit Grenzen gesetzt.

Der Wirkung des Zündzeitpunktes beim Ottomotor ist beim Dieselmotor in etwa der *Einspritzzeitpunkt* vergleichbar. Eine Späteinstellung führt ebenfalls zu einer Verschleppung der Verbrennung. Dadurch werden die Temperatur im Zylinder und damit der NO_x-Ausstoß kleiner. Allerdings nehmen die CO-Anteile und besonders der Ruß im Abgas zu. Die Spätstellung verursacht auch eine Verschlechterung des Wirkungsgrades η_{eff} und des Kraftstoffverbrauches.

Wegen des niedrigeren Abgastemperaturniveaus ist die *Nachverbrennung* beim Dieselmotor kaum möglich.

Bedeutung der Aufladung

Die Abgasturboaufladung bietet die Möglichkeit, die Verschlechterung des effektiven Wirkungsgrades η_{eff} und des Kraftstoffverbrauches durch die abgasverbessernden Maßnahmen durch weitere Prozeßausnutzung (vergl. Kapitel 2.2.6 und 4.11) etwas auszugleichen. Auch führt die Aufladung zu einer Verbesserung des mittleren Kolbendrucks p_e, unter anderem durch die mögliche Steigerung des Liefergrades λ_L .

Weiterhin kann das höhere Temperaturniveau größere Wandtemperaturen bewirken, die die Gemischbildung unterstützen und den Quench-Effekt verringern können. Allerdings erhält man mit den höheren Temperaturen auch einen höheren NO_x-Ausstoß, so daß diesbezüglich eine Unterstützung durch Gemischverwirbelung hilfreich ist.

Der Rußausstoß, der bei ungenügender Sauerstoffzufuhr entsteht, kann beim Dieselmotor durch die mit einem Lader zusätzlich in den Zylinder gedrückte Luft reduziert werden.

Anhang

1 Übersicht: Beurteilungskriterien

Beurteilungskriterien für Maßnahmen am Verbrennungsmotor

ausgehend von:

$$p_e = \frac{Q_{zu}}{V_H} \cdot \eta_v \cdot \eta_g \cdot \eta_m \qquad \text{mit} \qquad \frac{Q_{zu}}{V_H} = H_G \cdot \rho_{FL} \cdot \lambda_L$$

ergibt den *mittleren Kolbendruck (effektiven Mitteldruck)* :

$$p_e = \frac{H_u}{\lambda \cdot L_{min} + 1} \cdot \rho_{FL} \cdot \lambda_L \cdot \eta_v \cdot \eta_g \cdot \eta_m \qquad \text{für} \quad \lambda \geq 1$$

bzw.

$$p_e = \frac{\lambda \cdot H_u}{\lambda \cdot L_{min} + 1} \cdot \rho_{FL} \cdot \lambda_L \cdot \eta_v \cdot \eta_g \cdot \eta_m \qquad \text{für} \quad \lambda \leq 1$$

Verknüpfung des mittleren Kolbendrucks mit Drehmoment und Leistung:

$$p_e = \frac{M_d \cdot 2 \cdot \pi \cdot n}{V_H \cdot n_A} \quad \text{und} \quad p_e = \frac{P_{eff}}{V_H \cdot n_A} \quad .$$

Darin enthalten sind die:

Kriterien für die Einzelwirkungsgrade mit dem effektiven Wirkungsgrad

$$\eta_{eff} = \eta_v \cdot \eta_g \cdot \eta_m$$

1. Vergleichsprozeßwirkungsgrad η_v
   - Verdichtungsverhältnis ε
   - Luftverhältniszahl λ

2. Gütegrad η_g
   - Gemischbildung und Verbrennung (z.B. Verbrennungsgeschwindigkeit abhängig von der Luftverhältniszahl λ)
   - Ladungswechsel(-arbeit)
   - Kühlung
   - Durchblaseverluste

3. mechanischer Wirkungsgrad $\quad \eta_m = 1 - \dfrac{p_r}{p_i}$

- Reibungsdruck $p_r = f\,(n^2,\ \text{Last})$
- indizierter Kolbendruck (Mitteldruck) p_i

Kriterien für den Liefergrad λ_L

- Verdichtungsraum V_c, Verdichtungsverhältnis ε
- Strömungswiderstände
- Restgasausspülung
- Ansaugtemperatur, - luftdruck,
  Luftfeuchtigkeit
- Motorwärme

$\left.\begin{array}{l} \\ \\ \\ \\ \\ \end{array}\right\}$ beeinflussen die Frischladungsmasse (Luft- beim Diesel-, Kraftstoffluft- beim Ottomotor)

Kriterien für die Wirtschaftlichkeit mit Hilfe des effektiven spezifischen Kraftstoffverbrauchs b_e

$$b_e \sim \frac{1}{\eta_{\text{eff}}} \quad \text{und} \quad \eta_{\text{eff}} = \frac{P_{\text{eff}}}{H_u \cdot B} \quad \text{sowie} \quad \eta_{\text{eff}} = \eta_v \cdot \eta_g \cdot \eta_m \; .$$

2 Übersichten: Änderung des Betriebszustandes

Tabelle 1: Auswirkungen auf die Abgasbestandteile

Änderung durch:	Einfluß vor allem auf:	wirkt vor allem auf Abgasbestandteil:
Luftverhältniszahl λ (Gemischzusammensammensetzung)	Brennstoffmenge (Q_{zu}) damit auf Temperatur und Druck, Verbrennungsgeschwindigkeit, -ablauf	CO, HC, NO_x, Ruß
Drosselklappenstellung (Ottomotor)	Gemischbildung, Restgase	CO, HC, NO_x
Drehzahl	Gemischbildung, Restgase, Temperatur, Kühlung	CO, HC, NO_x, Ruß
Zündzeitpunkt, Einspritzbeginn	Temperatur und Druck, Verbrennungsablauf	NO_x, auch CO, HC, Ruß
Brennraumgestaltung	Gemischbildung, Verbrennungsablauf, Kühlung (Brennraumoberfläche)	CO, HC, NO_x
Gestaltung des Einlaßsystems/ Abgassystems	Gemischbildung, Verbrennungsablauf	CO, HC, NO_x
Ventilüberschneidung	Gemischbildung, Restgase	HC, NO_x
Verdichtungsverhältnis ε	Temperatur und Druck	NO_x

Eine Senkung der CO_2-Anteile wird vor allem durch die Verringerung des Kraftstoffverbrauches, d.h. die Verbesserung des effektiven Wirkungsgrades (Nutzwirkungsgrades) η_{eff} erzielt (vergl. dazu „1 Übersicht: Beurteilungskriterien" und Tabelle 2 in diesem Anhang)

Tabelle 2: Auswirkungen auf den mittleren Kolbendruck

Änderung des Betriebszustandes durch:	die wichtigsten Auswirkungen		verändert:
	zunächst auf:	dann auf:	
Luftverhältniszahl λ (Laständerung beim Dieselmotor)	- Verbrennungsgeschwindigkeit	- Veränderung des Gleichraum- bzw. Gleichdruckanteils	η_g
	- Brennstoffmenge		H_G
	- Brennstoffmenge	- Temperatur $\rightarrow$ Kühlung	η_g
	- Zusammensetzung der verbrannten Gase	- κ	η_v
Drosselklappenstellung (Laständerung beim Ottomotor)	- Strömungsmechanik	- Brennstoffmenge, Restgase	λ_L
		- Gemischbildung	η_g
		- Ladungswechselarbeit	η_g
	- Brennstoffmenge	- Frischladungsmasse, Gemischbildung	λ_L, η_g
Drehzahl	- Strömungsmechanik	- Brennstoffmenge, Restase	λ_L
		- Gemischbildung (Einfluß beim Dieselmotor geringer als beim Otto-)	η_g
		- Ladungswechselarbeit (Einfluß beim Dieselgeringer als beim Ottomotor)	η_g
	- Zeit	- Temperatur $\rightarrow$ Frischladungsmasse, Verbrennungsgeschwindigkeit	η_g
		$\rightarrow$ Zündverzug beim Dieselmotor $\rightarrow$ Veränderung des Gleichraum- bzw. Gleichdruckanteils	η_g

Literaturübersicht

Bosch: Kraftfahrtechnisches Taschenbuch. VDI Verlag, Düsseldorf 1995

Bensinger, W.-D.: Kolben, Pleuel und Kurbelwelle bei schnellaufenden Verbrennungsmotoren. Springer Verlag, Berlin/Heidelberg/New York 1961

Bensinger, W.-D.: Die Steuerung des Gaswechsels in schnellaufenden Verbrennungsmotoren. Springer Verlag, Berlin/Heidelberg/New York 1968

Bensinger, W.-D.: Rotationskolben-Verbrennungsmotoren. Springer Verlag, Berlin/Heidelberg/New York 1973

Buschmann, H.; Koeßler, P.: Handbuch der Kraftfahrzeugtechnik. Verlag Heyne, München 1977

Bussien: Automobiltechnisches Handbuch. Technischer Verlag Walter de Gruyter, Berlin/New York 1979

Dubbel: Taschenbuch für den Maschinenbau. Springer Verlag, Berlin/Heidelberg/New York/London/Tokyo 1995

Grohe, H.: Otto- und Dieselmotoren. Vogel Verlag, Würzburg 1987

Groth, K.: Kolbenmaschinen I, Verbrennungsmotoren. Verlag Vieweg, Braunschweig/Wiesbaden 1996

Heitland, Herbert H.: Alternativen im Verkehr. Akademia Verlag, Poznan Polen 1994

Kraemer, O.; Jungbluth, G.: Bau und Berechnung der Verbrennungsmotoren. Springer Verlag, Berlin/Heidelberg/New York 1983

Lang, O.R.: Triebwerke schnellaufender Verbrennungsmotoren. Springer Verlag, Berlin/Heidelberg/New York 1966

Löhner, K.: Die Brennkraftmaschine. VDI Verlag, Düsseldorf 1963

Löhner, K.; Müller, H.: Gemischbildung und Verbrennung im Ottomotor (Die Verbrennungskraftmaschine Bd. 6, Hrsg.: *List, H.*). Springer Verlag, Wien/New York 1967

Mahle, KG: Kolbenkunde. Suttgart 1964

Mettig, H: Die Konstruktion schnellaufender Verbrennungsmotoren. Verlag Walter de Gruyter, Berlin 1973

Pischinger, A.; Pischinger, F.: Gemischbildung und Verbrennung im Dieselmotor (Die Verbrennungskraftmaschine Bd.7 , Hrsg.: *List, H.*). Springer Verlag, Wien 1957

Pischinger, A., Krassnig, G., Taucar, G., Sams, T.: Thermodynamik der Verbrennungskraftmaschine (Die Verbrennungskraftmaschine, Neue Folge Bd. 5, Hrsg.: *List, H., Pischinger, A.*). Springer Verlag, Wien/New York 1984

Scheiterlein, A.: Der Aufbau der raschlaufenden Verbrennungskraftmaschine (Die Verbrennungskraftmaschine Bd.11, Hrsg.: *List, H.*). Springer Verlag, Wien/New York 1964

Schmidt, F.A.F.: Verbrennungskraftmaschinen. Springer Verlag, Berlin/Heidelberg/New York 1967

Karl Schmidt KG: Technisches Handbuch. Neckarsulm 1967

DEKRA: Statusberichte. Stuttgart 1988
- Schadstoffminderung an Dieselfahrzeugen
- Möglichkeiten der Emissionskontrolle an Fahrzeugen im Felde

van Basshuysen, R.; Schäfer, F.: Shell Lexikon Verbrennungsmotoren (Beilage zu den Zeitschriften ATZ und MTZ. Fiedr. Vieweg & Sohn Verlagsgesellschaft mbH

Beiträge, Unterlagen der Firmen AUDI AG, Ingolstadt und Bayerische Motorenwerke AG, München

Zeitschriften:
- Automobil-Industrie. Vogel Verlag
- Automobiltechnische Zeitschrift (ATZ. Fiedr. Vieweg & Sohn Verlagsgesellschaft mbH
- Motortechnische Zeitschrift (MTZ). Fiedr. Vieweg & Sohn Verlagsgesellschaft mbH

Sachwortverzeichnis

Fahrwerktechnik

Grundlagen, Bauelemente, Auslegung

von Erich Henker

1993. XIV, 410 S. mit 369 Abb. und 53 Tafeln.
(Viewegs Fachbücher der Technik) Kart. 52,– DM
ISBN 3-528-04926-X

Aus dem Inhalt: Gesamtfahrzeug (Bauvorschriften, Fahrverhalten, Fahrzeugkonzeption) - Radaufhängung (Aufbau und Funktion, Kinematik, Elastizitäten, Ausführungsbeispiele) - Federung und Dämpfung (Arbeitsaufnahmevermögen verschiedener Federwerkstoffe, Ausführungsbeispiele für Federn und Schwingungsdämpfer) - Reifen und Räder (Prüfstandmeßergebnisse, Reifenschräglaufverhalten und Elastokinematik der Radaufhängung, Stahl- und Leichtmetallräder) - Lenkung (Lenkgeometrie, Lenkungsauslegung, Lenkgetriebe, Allradlenksysteme) - Ausblick.

Ein Fachbuch mit vielen Bildern und Tafeln,
das sich an einen breiten am Kraftfahrzeug
interessierten Leserkreis wendet. Auf den Gebieten
der Darstellung der Reifenschräglaufeigenschaften,
der Bewertung der Elastokinematik der Radaufhängungen
und der Wirkung von Schraubenfedern auf ihre Auflage geht es über den
bisher in Fachbüchern veröffentlichten Stand hinaus. Eine Informationsquelle zum kurzen Nachschlagen, aber auch zum tiefgehenden Studium.

Über den Autor:
Dr.-Ing. Erich Henker hat langjährige Erfahrungen im Automobilbau in
leitender Stellung der Forschung und Entwicklungvon Baugruppen des
Fahrwerks.

Abraham-Lincoln-Str. 46, Postfach 1547
65005 Wiesbaden
Fax: (06 11) 78 78-4 00, http://www.vieweg.de